11-030 职业技能鉴定指导

职业标准 · 试题库

电机氢冷值班员

（第二版）

电力行业职业技能鉴定指导中心 编

电力工程 电气运行与检修专业

U0249618

中国电力出版社
CHINA ELECTRIC POWER PRESS

内 容 提 要

　　本《指导书》是按照劳动和社会保障部制定国家职业标准的要求编写的，其内容主要由职业概况、职业技能培训、职业技能鉴定和鉴定试题库四部分组成，分别对技术等级、工作环境和职业能力特征进行了定性描述；对培训期限、教师、场地设备及培训计划大纲进行了指导性规定。本《指导书》自 1999 年出版后，对行业内职业技能培训和鉴定工作起到了积极的作用，本书在原《指导书》的基础上进行了修编，补充了内容，修正了错误。

　　试题库是根据《中华人民共和国国家职业标准》和针对本职业（工种）的工作特点，选编了具有典型性、代表性的理论知识（含技能笔试）试题和技能操作试题，还编制有试卷样例和组卷方案。

　　《指导书》是职业技能培训和技能鉴定考核命题的依据，可供劳动人事管理人员、职业技能培训及考评人员使用，亦可供电力（水电）类职业技术学校和企业职工学习参考。

图书在版编目（CIP）数据

电机氢冷值班员 / 电力行业职业技能鉴定指导中心编. —2 版. —北京：中国电力出版社，2010.8（2018.6 重印）
　　职业技能鉴定指导书.（11—030）职业标准试题库
　　ISBN 978-7-5123-0456-7

　　Ⅰ. ①电⋯　Ⅱ. ①电⋯　Ⅲ. ①火电厂-氢冷发电机-职业技能鉴定-习题　Ⅳ. ①TM621.3-44

　　中国版本图书馆 CIP 数据核字（2010）第 090451 号

中国电力出版社出版、发行
（北京市东城区北京站西街 19 号　100005　http://www.cepp.sgcc.com.cn）
北京雁林吉兆印刷有限公司印刷
各地新华书店经售

*

2002 年 4 月第一版
2010 年 8 月第二版　　2018 年 6 月北京第四次印刷
850 毫米×1168 毫米　32 开本　9.875 印张　249 千字
印数 8501—9500 册　　定价 40.00 元

版 权 专 有　侵 权 必 究
本书如有印装质量问题，我社发行部负责退换

电力职业技能鉴定题库建设工作委员会

主　任：徐玉华

副主任：方国元　王新新　史瑞家

　　　　　杨俊平　陈乃灼　江炳思

　　　　　李治明　李燕明　程加新

办公室：石宝胜　徐纯毅

委　员（按姓氏笔画为序）：

　　　　马建军　马振华　马海福　王　玉

　　　　王中奥　王向阳　王应永　丘佛田

　　　　李　杰　李生权　李宝英　刘树林

　　　　吕光全　许佐龙　朱兴林　陈国宏

　　　　季　安　吴剑鸣　杨　威　杨文林

　　　　杨好忠　杨耀福　张　平　张龙钦

　　　　张彩芳　金昌榕　南昌毅　倪　春

　　　　高　琦　高应云　奚　珣　徐　林

　　　　谌家良　章国顺　董双武　焦银凯

　　　　景　敏　路俊海　熊国强

第一版编审人员

编写人员：鲍华熙　蔡济芳　王克平
　　　　　邹翠芳
审定人员：王　青　厉海斌　赵雪梅
　　　　　张克诚　舒夕康　阙亚卫

第二版编审人员

编写人员（修订人员）：
　　　　　张　伟　曹立明　俞　冰
审定人员：李　峰　杨志刚

说　明

为适应开展电力职业技能培训和实施技能鉴定工作的需要，按照劳动和社会保障部关于制定国家职业标准，加强职业培训教材建设和技能鉴定试题库建设的要求，电力行业职业技能鉴定指导中心统一组织编写了电力职业技能鉴定指导书（以下简称《指导书》）。

《指导书》以电力行业特有工种目录各自成册，于1999年陆续出版发行。

《指导书》的出版是一项系统工程，对行业内开展技能培训和鉴定工作起到了积极作用。由于当时历史条件和编写力量所限，《指导书》中的内容已不能适应目前培训和鉴定工作的新要求，因此，电力行业职业技能鉴定指导中心决定对《指导书》进行全面修编，在各网省电力（电网）公司、发电集团和水电工程单位的大力支持下，补充内容，修正错误，使之体现时代特色和要求。

《指导书》主要由职业概况、职业技能培训、职业技能鉴定和鉴定试题库四部分内容组成。其中，职业概况包括职业名称、职业定义、职业道德、文化程度、职业等级、职业环境条件、职业能力特征等内容；职业技能培训包括对不同等级的培训期限要求，对培训指导教师的经历、任职条件、资格要求，对培训场地设备条件的要求和培训计划大纲、培训重点、难点以及对学习单元的设计等；职业技能鉴定的依据是《中华人民共和国国家职业标准》，其具体内容不再在本书中重复；鉴定试题库是根据《中华人民共和国国家职业标准》所规定的范围和内容，以实际技能操作为主线，按照选择题、判断题、简答题、计算题、绘图题和论述题六种题型进行选题，并以难易程度组合排列，同时汇集了大量电力生产建设过程中具有普遍代表性和典型性的实际操作试题，构成了各工种的技能鉴定试题库。试题库的深度、广度涵盖了本职业技能鉴定的全部内容。题库之后还附有试卷样例和组卷方案，为实施鉴定命题提供依据。

《指导书》力图实现以下几项功能：劳动人事管理人员可根据《指导书》进行职业介绍，就业咨询服务；培训教学人员可按照《指导书》中的培训大纲组织教学；学员和职工可根据《指导书》要求，制订自学计划，确立发展目标，走自学成才之路。《指导书》对加强职工队伍培养，提高队伍素质，保证职业技能鉴定质量将起到重要作用。

本次修编的《指导书》仍会有不足之处，敬请各使用单位和有关人员及时提出宝贵意见。

电力行业职业技能鉴定指导中心

2008 年 6 月

目 录

1 ▽ 职业概况

1.1 职业名称

电机氢冷值班员（11—030）。

1.2 职业定义

操作、监视、控制电机氢冷设备及其运行的人员。

1.3 职业道德

热爱本职工作，刻苦钻研技术，遵守劳动纪律，爱护工具、设备，安全文明生产，诚实团结协作，严守职责，尊师爱徒。

1.4 文化程度

中等职业技术学校毕（结）业。

1.5 职业等级

本职业按国家职业资格的规定，设为初级（五级）、中级（四级）、高级（三级）三个技术等级。

1.6 职业环境条件

室内作业。运行设备巡回检查。现场配制电解液时有一定浓度的腐蚀液体，气体置换操作时要防止混合气体爆炸。

1.7 职业能力特征

本职业应具有能用眼看、耳听、鼻嗅、手摸和仪器分析判断出电机氢冷设备运行异常情况，并及时、正确处理的能力，具有领会、理解和应用技术文件的能力，具有用精练语言进行联系、交流工作的能力，具有准确而有目的地运用数字进行运算的能力和识绘图能力。

2 职业技能培训

2.1 培训期限

2.1.1 初级工：累计不少于 500 标准学时。

2.1.2 中级工：在取得初级职业资格的基础上累计不少于 400 标准学时。

2.1.3 高级工：在取得中级职业资格的基础上累计不少于 400 标准学时。

2.2 培训教师资格

2.2.1 具有中级以上专业技术职称的工程技术人员和技师可担任初、中级工培训教师。

2.2.2 具有高级专业技术职称的工程技术人员和高级技师可担任高级工培训教师。

2.3 培训场地设备

2.3.1 具备本职业（工种）理论知识培训的教室和教学设备。

2.3.2 具有基本技能训练的实习场所及实际操作训练设备。

2.3.3 成套制氢设备或仿真设备。

2.3.4 发电厂生产现场实际设备。

2.4 培训项目

2.4.1 培训目的：通过培训达到《职业技能鉴定规范》对本职业的知识和技能要求。

2.4.2 培训方式：以自学和脱产相结合的方式，进行基础知识讲课和技能训练。

2.4.3 培训重点：

（1）电机氢冷设备规范及运行规定包括：

1）氢冷发电机；

2）制氢整流装置；

3）水电解制氢装置；

4）氢气干燥装置；

5）自动控制装置；

6）气体分析的仪器、仪表。

（2）运行操作包括：

1）氢冷发电机正常补氢操作；

2）氢冷发电机的气体置换操作；

3）氢冷发电机正常的氢、油、水的调整操作；

4）水电解制氢整流柜的启动操作；

5）水电解制氢配制电解液操作；

6）水电解制氢运行中的手动补水操作；

7）水电解制氢设备的启动操作；

8）水电解制氢设备的停用操作；

9）氢气干燥装置的启动操作；

10）氢气干燥装置的停用操作；

11）水电解制氢设备气密性试验操作；

12）氢气干燥装置的气密性试验操作；

13）储氢罐、缓冲罐的气密性试验操作；

14）发电机氢冷系统的气密性试验操作；

15）水电解制氢设备碱液循环过滤器的清洗操作；

16）氢母管系统及储氢罐的切换操作。

（3）仪器、仪表的使用及分析试剂的配制：

1）万用电表的使用；

2）氢气测报仪的使用；

3）氢气纯度表的使用；

4）氢气湿度仪的使用；

5）HM141型（维萨拉）温湿度仪的使用；

6）奥氏气体分析仪的使用；

7）各种分析试剂的配制。

（4）事故分析、判断和处理：

1）氢冷发电机在运行中氢压降低的原因分析、判断和处理；

2）氢冷发电机在运行中氢气纯度低的原因分析、判断和处理；

3）氢冷发电机在运行中氢气湿度升高的原因分析、判断和处理；

4）补氢母管氢压下降的原因分析、判断和处理；

5）水电解制氢运行中气体纯度不合格的原因分析、判断和处理；

6）电解槽的小室电压升高的原因分析、判断和处理；

7）电解槽运行中超温的原因分析、判断和处理；

8）电解槽运行中压力波动大的原因分析、判断和处理；

9）水电解制氢设备运行时出力低的原因分析、判断和处理；

10）氢、氧综合塔液位不平衡的原因分析、判断和处理；

11）氢气干燥装置运行中湿度超标原因分析、判断和处理；

12）水电解制氢装置运行中氢阀压力高的原因分析、判断和处理；

13）水电解制氢整流柜跳闸的原因及处理；

14）氢冷发电机置换中气体纯度不合格的原因分析、判断和处理。

2.5　培训大纲

本职业技能培训大纲，以模块组合（MES）—模块（MU）—学习单元（LE）的结构模式进行编写，其学习目标及学习内容见表 1；职业技能模块及学习单元对照选择见表 2；学习单元名称见表 3。

表 1   学习目标及学习内容

模块序号及名称	单元序号及名称	学习目标	学习内容	学习方式	参考学时
MU1 发电厂运行人员的职业道德	LE1 电机氢冷值班员的职业道德	通过本单元的学习，能够掌握电机氢冷值班员的职业道德规范，并能自觉遵守行为规范准则和电力法规的规定	1. 本岗位工作对全厂安全生产的作用 2. 本岗位工作与其他岗位工作的协作 3. 严格遵守"三纪" 4. 敬业爱岗，尊师爱徒 5. 重点防火部位的工作责任 6. 本岗位工作环境的特殊性 7. 电力法规的内容	自学	4
MU2 安全技术措施及微机应用	LE2 安全措施	通过本单元的学习，了解安全法制教育内容及重要性，自觉遵守法规	1. 从电力生产"安全第一"的方针入手，提高职工的主人翁责任感 2. 树立法制观念，增强安全生产的自觉性 3. 电机氢冷值班员应具备的条件 4. 巡视电机氢冷设备应注意的事项 5. 保证安全的组织措施	讲课与自学	4
	LE3 技术措施	通过本单元的学习，了解安全的技术措施，并做好安全工作	1. 树立事故可预防的信心 2. 严格执行各项规章制度，杜绝误操作 3. 准确使用安全用具 4. 防漏氢、防爆 5. 严禁火种带入氢设备现场	讲课与自学	4

模块序号及名称	单元序号及名称	学习目标	学习内容	学习方式	参考学时
MU2 安全技术措施及微机应用	LE4 计算机的应用	通过本单元的学习，掌握微机的基本操作、控制、调整，并能用于生产实际	1. 基本操作及技能 2. 微机管理 3. 监视、控制与调整 4. 事故处理	讲课与自学	50
MU3 电机氢冷设备规范及运行规定	LE5 氢冷发电机	通过本单元的学习，了解氢冷发电机的技术规范，掌握氢冷发电机正常运行的检查、维护和操作	1. 氢冷发电机及水、氢、油系统的组成 2. 设备型号参数 3. 运行参数规定 4. 参数变化时，允许运行工况的规定 5. 正常运行的监视与巡回检查维护的规定	自学	4
	LE6 制氢整流装置	通过本单元的学习，了解制氢整流装置的技术规范，掌握制氢整流装置正常运行的检查、维护和操作	1. 制氢整流装置及辅助设备的组成 2. 设备型号参数 3. 运行参数规定 4. 参数变化时，允许运行工况的规定 5. 运行的监视与巡回检查和维护的规定	讲课与自学	8
	LE7 水电解制氢装置	通过本单元的学习，了解水电解制氢装置的技术规范，掌握水电解制氢装置正常运行的检查、维护和操作	1. 水电解制氢装置及辅助设备的组成 2. 设备型号参数 3. 运行参数的规定 4. 参数变化时，允许运行工况的规定 5. 正常运行的监视与巡回检查维护的规定	讲课与自学	10

模块序号及名称	单元序号及名称	学习目标	学习内容	学习方式	参考学时
MU3 电机氢冷设备规范及运行规定	LE8 氢气干燥装置	通过本单元的学习，了解氢气干燥装置技术规范，掌握氢气干燥装置正常运行的检查、维护和操作	1. 氢气干燥装置及辅助设备的组成 2. 设备型号、参数 3. 运行参数规定 4. 参数变化时，允许运行工况的规定 5. 正常运行的监视与巡回检查维护的规定	讲课与自学	8
	LE9 自动控制装置	通过本单元的学习，了解自动控制装置的技术规范，掌握自动控制装置正常运行的检查、维护和操作	1. 氢冷发电机水、氢、油自动控制装置及辅助设备的组成 2. 制氢整流装置、自动控制装置及辅助设备的组成 3. 水电解制氢装置、自动控制装置及辅助设备的组成 4. 氢气干燥装置自动控制装置及辅助设备的组成 5. 设备型号参数 6. 运行参数的规定 7. 参数变化时，允许运行工况的规定 8. 正常运行的监视与巡回检查维护的规定	讲课与自学	10
	LE10 用于气体分析的仪器、仪表	通过本单元的学习，了解用于气体分析的仪器、仪表的技术规范、正常使用及维护操作	1. 万用电表的使用、维护和操作 2. 氢气测报仪的使用、维护和操作 3. 氢气纯度表的使用、维护和操作 4. 氢气湿度仪的使用、维护和操作 5. 奥氏气体分析仪的使用、维护和操作 6. 各种分析试剂的配制	讲课与自学	8

模块序号及名称	单元序号及名称	学习目标	学习内容	学习方式	参考学时
MU4 运行	LE11 氢冷发电机的补氢	通过本单元的学习,掌握氢冷发电机补氢的技术规定和操作	1. 氢冷发电机补氢的正常技术要求和运行规定 2. 氢冷发电机补氢手动、自动的切换操作 3. 氢冷发电机的几种补氢方式的操作 4. 氢冷发电机连续换氢的操作 5. 氢冷发电机的排污操作	结合现场实际设备自学	10
	LE12 氢冷发电机气体置换	通过本单元的学习,掌握氢冷发电机气体置换的技术规定和操作	1. 氢冷发电机气体置换的正常技术要求和运行规定 2. 氢冷发电机气体置换所具备的条件 3. 氢冷发电机充氢置换时,用二氧化碳作为中间介质的操作 4. 氢冷发电机充氢置换时,用氮气作为中间介质的操作 5. 氢冷发电机排氢置换时,用二氧化碳作为中间介质的操作 6. 氢冷发电机排氢置换时,用氮气作为中间介质的操作 7. 氢冷发电机气体置换操作时的注意事项	结合现场实际设备讲课与演示	20

模块序号及名称	单元序号及名称	学习目标	学习内容	学习方式	参考学时
MU4 运行	LE13 氢冷发电机氢、油、水系统的调整	通过本单元的学习，掌握氢冷发电机氢、油、水系统调整的技术规定和操作	1. 氢冷发电机氢、油、水系统的技术要求和正常运行规定 2. 氢冷发电机氢气系统的监视和调整操作 3. 氢冷发电机密封油系统的监视和操作 4. 氢冷发电机冷却水系统的监视和调整操作 5. 氢冷发电机氢、油、水系统调整操作的注意事项	仿真机培训及结合现场讲课与操作	10
	LE14 水电解制氢整流柜的启动	通过本单元的学习，掌握水电解制氢整流柜启动、调整的技术规定和操作	1. 水电解制氢整流的技术要求和运行规定 2. 水电解制氢整流柜的手动、自动的切换操作 3. 水电解制氢整流柜的启动和调整操作 4. 水电解制氢整流柜跳闸后的恢复操作	仿真机培训及结合现场讲课与操作	6
	LE15 配制电解液	通过本单元的学习，掌握水电解制氢配制电解液的技术规定和操作	1. 配制电解液的技术要求和运行规定 2. 配制电解液 3. 配制电解液操作的安全注意事项	结合现场实际自学	4
	LE16 水电解制氢运行中手动补水	通过本单元的学习，掌握水电解制氢运行中手动补水的技术规定和操作	1. 水电解制氢运行中手动补水技术要求和规定 2. 水电解制氢运行中手动补水的监视和调整 3. 水电解制氢运行中手动补水的正常操作	结合现场实际学习	4

模块序号及名称	单元序号及名称	学习目标	学习内容	学习方式	参考学时
MU4 运行	LE17 水电解制氢设备的启动	通过本单元的学习，掌握水电解制氢设备启动、调整、运行的技术规定和操作	1. 水电解制氢设备启动、调整、运行的技术要求和运行规定 2. 水电解制氢设备的启动 3. 水电解制氢设备的运行和调整 4. 水电解制氢设备运行中跳闸后的恢复 5. 水电解制氢设备启动、运行、调整操作的注意事项	结合现场实际讲课和设备演示	20
	LE18 水电解制氢设备的停用	通过本单元的学习，掌握水电解制氢设备停用技术规定和操作	1. 水电解制氢设备停用的技术要求和运行规定 2. 水电解制氢设备停用的操作 3. 水电解制氢设备停用操作的注意事项	结合现场实际学习	6
	LE19 氢气干燥装置的启动	通过本单元的学习，掌握氢气干燥装置启动、调整、运行的技术规定和操作	1. 氢气干燥装置启动、调整、运行的技术要求和运行规定 2. 氢气干燥装置的启动 3. 氢气干燥装置的运行和调整 4. 氢气干燥装置运行中故障的恢复 5. 氢气干燥装置启动、运行、调整操作的注意事项	结合现场实际学习	6

模块序号及名称	单元序号及名称	学习目标	学习内容	学习方式	参考学时
MU4 运行	LE20 氢气干燥装置的停用	通过本单元的学习,掌握氢气干燥装置停用的技术规定和操作	1. 氢气干燥装置停用的技术要求和运行规定 2. 氢气干燥装置的停用 3. 氢气干燥装置停用的注意事项	结合现场实际学习	6
	LE21 水电解制氢设备气密性试验	通过本单元的学习,掌握水电解制氢设备气密性试验的技术规定和操作	1. 水电解制氢设备气密性试验的技术要求和运行规定 2. 水电解制氢设备气密性试验 3. 水电解制氢设备气密性试验的注意事项	结合现场实际学习	6
	LE22 氢气干燥装置气密性试验	通过本单元的学习,掌握氢气干燥装置气密性试验的技术规定和操作	1. 氢气干燥装置气密性试验的技术要求和运行规定 2. 氢气干燥装置气密性试验 3. 氢气干燥装置气密性试验的注意事项	结合现场实际学习	6
	LE23 储氢罐、缓冲罐气密性试验	通过本单元的学习,掌握储氢罐、缓冲罐气密性试验的技术规定和操作	1. 储氢罐、缓冲罐气密性试验的技术要求和运行规定 2. 储氢罐、缓冲罐气密性试验 3. 储氢罐、缓冲罐气密性试验的注意事项	结合现场实际学习	6

模块序号及名称	单元序号及名称	学习目标	学习内容	学习方式	参考学时
MU4 运行	LE24 发电机氢冷系统气密性试验	通过本单元的学习,掌握发电机氢冷系统气密性试验的技术规定和操作	1. 发电机氢冷系统气密性试验的技术要求和运行规定 2. 发电机氢冷系统的查漏 3. 卤素检漏仪查漏 4. 发电机氢冷系统的气密性试验 5. 发电机氢冷系统气密性试验的安全注意事项	结合现场实际学习	6
	LE25 水电解制氢设备碱循环过滤器的清洗	通过本单元的学习,掌握水电解制氢设备碱循环过滤器清洗的技术规定和操作	1. 水电解制氢设备碱循环过滤器清洗的技术要求和运行规定 2. 水电解制氢设备碱循环过滤器的清洗 3. 水电解制氢设备碱循环过滤器清洗的安全注意事项	结合现场实际学习	6
	LE26 氢气母管系统及储氢罐的切换	通过本单元的学习,掌握氢气母管系统及储氢罐切换的技术规定和操作	1. 氢气母管系统及储氢罐切换的技术要求和运行规定 2. 氢气母管系统及储氢罐切换 3. 氢气母管系统及储氢罐切换的安全注意事项	结合现场实际学习	6
MU5 仪器、仪表的使用及分析试剂的配制	LE27 万用电表的使用	通过本单元的学习,掌握万用电表的使用和操作	1. 万用电表使用的技术要求和运行规定 2. 万用电表测定电解槽电解小室电压 3. 万用电表使用的注意事项	结合现场实际学习	6

模块序号及名称	单元序号及名称	学习目标	学习内容	学习方式	参考学时
MU5 仪器、仪表的使用及分析试剂的配制	LE28 氢气测报仪的使用	通过本单元的学习,掌握氢气测报仪的使用和操作	1. 氢气测报仪使用的技术要求和运行规定 2. 氢气测报仪测定发电机氢冷系统、制氢设备、氢气管道上的漏氢 3. 氢气测报仪使用的注意事项	结合现场实际学习	6
	LE29 氢气纯度仪的使用	通过本单元的学习,掌握氢气纯度仪的使用和操作	1. 氢气纯度仪使用的技术要求和运行规定 2. 氢气纯度仪测定发电机氢冷系统、制氢设备、氢罐内的氢气纯度 3. 氢气纯度仪使用的注意事项	结合现场实际学习	6
	LE30 氢气湿度仪的使用	通过本单元的学习,掌握氢气湿度仪的使用和操作	1. 氢气湿度仪使用的技术要求和运行规定 2. 氢气湿度仪测定发电机氢冷系统、制氢设备、氢罐内的氢气湿度 3. 氢气湿度仪使用的注意事项	结合现场实际学习	6
	LE31 HM141型(维萨拉)温湿度仪的使用	通过本单元的学习,掌握HM141型(维萨拉)温湿度仪的使用和操作	1. HM141型(维萨拉)温湿度仪使用的技术要求和运行规定 2. HM141型(维萨拉)温湿度仪测定发电机氢冷系统、制氢设备、氢罐内的氢气湿度 3. HM141型(维萨拉)温湿度仪的氢气温度、湿度、露点的切换操作 4. HM141型(维萨拉)温湿度仪使用的注意事项	结合现场实际学习	6

模块序号及名称	单元序号及名称	学习目标	学习内容	学习方式	参考学时
MU5 仪器、仪表的使用及分析试剂的配制	LE32 奥氏气体分析仪的使用	通过本单元的学习，掌握奥氏气体分析仪的使用和操作	1. 奥氏气体分析仪使用的技术要求和运行规定 2. 奥氏气体分析仪测定发电机氢冷系统、制氢设备、氢罐内的气体的二氧化碳、氧气等的含量 3. 奥氏气体分析仪的维护、查漏和装配 4. 奥氏气体分析仪使用的注意事项	结合现场实际学习	6
	LE33 各种分析试剂的配制	通过本单元的学习，掌握奥氏气体分析仪所需各种试剂的配制	1. 奥氏气体分析仪所需试剂配制的技术要求和运行规定 2. 奥氏气体分析仪所需各种试剂的名称、规格、等级要求 3. 奥氏气体分析仪所需各种试剂的配制 4. 奥氏气体分析仪所需各种试剂配制时的注意事项	结合现场实际学习	6
MU6 电机氢冷设备的事故分析与处理	LE34 氢冷发电机在运行中氢压降低时的处理	通过本单元的学习，掌握氢冷发电机氢压降低的原因，经分析、判断后进行处理	1. 氢冷发电机内氢压的技术要求和运行规定 2. 氢冷发电机运行中氢压降低的原因 3. 氢冷发电机运行中氢压降低的处理	结合现场实际学习	6

模块序号及名称	单元序号及名称	学习目标	学习内容	学习方式	参考学时
MU6 电机氢冷设备的事故分析与处理	LE35 氢冷发电机在运行中氢气纯度降低时的处理	通过本单元的学习，掌握氢冷发电机氢气纯度降低的原因，经分析、判断后进行处理	1. 氢冷发电机运行中氢气纯度的技术要求和运行规定 2. 氢冷发电机运行中氢气纯度降低的原因 3. 氢冷发电机运行中氢气纯度降低的处理 4. 分析、判断、处理氢冷发电机运行中氢气纯度降低时的安全注意事项	结合现场实际学习	6
	LE36 氢冷发电机在运行中氢气湿度升高时的处理	通过本单元的学习，掌握氢冷发电机氢气湿度升高的原因，经分析、判断后进行处理	1. 氢冷发电机运行中氢气湿度升高的处理要求和运行规定 2. 氢冷发电机运行中氢气湿度升高的原因 3. 氢冷发电机运行中氢气湿度升高的判断、处理 4. 分析、判断、处理氢冷发电机运行中氢气湿度升高时的安全注意事项	结合现场实际学习	6
	LE37 氢冷发电机在运行中补氢母管氢压下降时的处理	通过本单元的学习，掌握补氢母管氢压下降的原因，经分析、判断后进行处理	1. 氢冷发电机运行中补氢母管氢压下降的处理要求和运行规定 2. 氢冷发电机运行中补氢母管氢压下降的原因 3. 氢冷发电机运行中补氢母管氢压下降的判断、处理 4. 分析、判断、处理氢冷发电机运行中补氢母管氢压下降时的安全注意事项	结合现场实际学习	6

模块序号及名称	单元序号及名称	学习目标	学习内容	学习方式	参考学时
MU6 电机氢冷设备的事故分析与处理	LE38 水电解制氢过程中气体纯度不合格时的处理	通过本单元的学习，掌握水电解制氢过程中气体纯度不合格的原因，经分析、判断后进行处理	1. 水电解制氢过程中气体纯度不合格的处理要求和运行规定 2. 水电解制氢过程中气体纯度不合格的原因 3. 水电解制氢过程中气体纯度不合格的判断、处理 4. 分析、判断、处理水电解制氢过程中气体纯度不合格时的安全注意事项	结合现场实际学习	6
	LE39 电解槽小室电压升高的处理	通过本单元的学习，掌握电解槽小室电压升高的原因，经分析、判断后进行处理	1. 电解槽小室电压升高的处理要求和运行规定 2. 电解槽小室电压升高的原因 3. 电解槽小室电压升高的判断、处理 4. 分析、判断、处理电解槽小室电压升高时的安全注意事项	结合现场实际学习	6
	LE40 电解槽运行中超温的处理	通过本单元的学习，掌握电解槽运行中超温的原因，经分析、判断后进行处理	1. 电解槽运行中超温的处理要求和运行规定 2. 电解槽运行中超温的原因 3. 电解槽运行中超温的判断、处理 4. 分析、判断、处理电解槽运行中超温时的安全注意事项	结合现场实际学习	6

模块序号及名称	单元序号及名称	学习目标	学习内容	学习方式	参考学时
MU6 电机氢冷设备的事故分析与处理	LE41 电解槽运行中压力波动大时的处理	通过本单元的学习，掌握电解槽运行中压力波动大的原因，经分析、判断后进行处理	1. 电解槽运行中压力波动大的处理要求和运行规定 2. 电解槽运行中压力波动大的原因分析 3. 电解槽运行中压力波动大的判断、处理 4. 分析、判断、处理电解槽运行中压力波动大时的安全注意事项	结合现场实际学习	6
	LE42 水电解制氢设备运行出力低时的处理	通过本单元的学习，掌握水电解制氢设备运行时出力低的原因，经分析、判断后进行处理	1. 水电解制氢设备运行出力低时的处理要求和运行规定 2. 水电解制氢设备运行出力低时的原因 3. 水电解制氢设备运行出力低时的判断、处理 4. 水电解制氢设备运行出力低时的分析、判断、处理过程的安全注意事项	结合现场实际学习	6
	LE43 氢、氧综合塔液位不平衡的处理	通过本单元的学习，掌握水电解制氢设备运行时氢、氧综合塔液位不平衡的原因，经分析、判断后进行处理	1. 水电解制氢设备运行时氢、氧综合塔液位不平衡的处理要求和运行规定 2. 水电解制氢设备运行时氢、氧综合塔液位不平衡的原因分析 3. 水电解制氢设备运行时氢、氧综合塔液位不平衡的判断、处理 4. 分析、判断、处理水电解制氢设备运行时氢、氧综合塔液位不平衡时的安全注意事项	结合现场实际学习	6

模块序号及名称	单元序号及名称	学习目标	学习内容	学习方式	参考学时
MU6 电机氢冷设备的事故分析与处理	LE44 氢气干燥装置运行中湿度超标时的处理	通过本单元的学习,掌握氢气干燥装置运行中湿度超标的原因,经分析、判断后进行处理	1. 氢气干燥装置运行中湿度超标的处理要求和运行规定 2. 氢气干燥装置运行中湿度超标的原因 3. 氢气干燥装置运行中湿度超标的判断、处理 4. 分析、判断、处理氢气干燥装置运行中湿度超标时的安全注意事项	结合现场实际学习	6
	LE45 水电解制氢装置运行中氢后压高时的处理	通过本单元的学习,掌握制氢装置运行中氢后压高的原因,经分析、判断后进行处理	1. 水电解制氢装置运行中氢后压高的处理要求和运行规定 2. 水电解制氢装置运行中氢后压高的原因 3. 水电解制氢装置运行中氢后压高的判断、处理 4. 分析、判断、处理水电解制氢装置运行中氢后压高时的安全注意事项	结合现场实际学习	6
	LE46 制氢整流柜跳闸的处理	通过本单元的学习,掌握制氢整流柜跳闸的原因,经分析、判断后进行处理	1. 制氢整流柜跳闸的处理要求和运行规定 2. 制氢整流柜跳闸的原因 3. 制氢整流柜跳闸的判断、处理 4. 分析、判断、处理制氢整流柜跳闸时的安全注意事项	结合现场实际学习	6

模块序号及名称	单元序号及名称	学习目标	学习内容	学习方式	参考学时
MU6 电机氢冷设备的事故分析与处理	LE47 氢冷发电机置换中气体纯度不合格的处理	通过本单元的学习，掌握氢冷发电机置换中气体纯度不合格的原因，经分析、判断后进行处理	1. 氢冷发电机置换中气体纯度不合格的处理要求和运行规定 2. 氢冷发电机置换中气体纯度不合格的原因 3. 氢冷发电机置换中气体纯度不合格的判断、处理 4. 分析、判断、处理氢冷发电机置换中气体纯度不合格时的安全注意事项	结合现场实际学习	6
MU7 运行分析与可靠性管理	LE48 发电厂经济指标分析、发电厂可靠性管理	通过本单元的学习，掌握发电厂经济指标分析、计算；制定安全、经济技术措施，改进操作、提高发电设备运行的可靠性	1. 发电厂主要经济指标分析 2. 电气设备异常情况分析 3. 主、辅机可靠性管理与统计 4. 发电厂一般性知识	结合现场实际学习	6
	LE49 电机氢冷设备经济指标分析及可靠性管理	通过本单元的学习之后，掌握发电机氢冷设备经济指标分析、计算；制定安全、经济技术措施，改进操作、提高电机氢冷设备运行的可靠性	1. 电机氢冷设备经济指标分析 2. 电机氢冷设备异常情况分析 3. 电机氢冷设备主、辅机可靠性管理与统计 4. 发电机的一般性知识	结合现场实际学习	4

模块序号及名称	单元序号及名称	学习目标	学习内容	学习方式	参考学时
MU7 运行分析与可靠性管理	LE50 水电解制氢设备经济指标分析及可靠性管理	通过本单元的学习，掌握水电解制氢设备经济指标分析、计算；制定安全、经济技术措施，改进操作，减少非计划停运，提高水电解设备运行可靠性	1. 水电解制氢设备主要经济指标分析 2. 水电解制氢设备异常情况分析 3. 水电解制氢主、辅设备可靠性管理与统计 4. 水电解制氢设备有关电气的一般性知识	结合现场实际学习	4
	LE51 氢气干燥装置经济指标分析及可靠性管理	通过本单元的学习，掌握经济指标分析、计算；制定安全、经济技术措施，改进操作、减少非计划停运，提高氢气干燥装置的可靠性	1. 氢气干燥装置经济指标分析 2. 氢气干燥装置异常情况分析 3. 氢气干燥装置可靠性管理与统计 4. 氢气干燥装置有关热工仪表的一般性知识	结合现场实际学习	4
MU8 发电机冷却系统及辅助设备	LE52 发电机冷却系统	通过本单元的学习，掌握发电机冷却系统，了解发电机冷却的多种方式，比较优缺点	1. 发电机的铭牌及技术规范 2. 发电机的几种冷却方式 3. 发电机的氢冷系统 4. 发电机运行的一般知识	结合现场实际学习	4
	LE53 发电机的辅助设备	通过本单元学习，掌握发电机的辅助设备，了解氢、油、水系统运行参数和发电机各部位的允许温度限额	1. 发电机辅助设备的铭牌及技术规范 2. 发电机的密封油系统 3. 发电机的内冷水系统 4. 发电机氢、油、水系统运行的一般知识	结合现场实际学习	4

模块序号及名称	单元序号及名称	学习目标	学习内容	学习方式	参考学时
MU9 有关生产的规程制度	LE54 电力系统的有关规程、制度	通过本单元的学习，掌握电力系统有关规程、制度，在生产实践中贯彻和执行	1. 电力工业技术管理法规 2. 电业安全工作规程 3. 电业生产事故调查规程 4. 电力系统其他有关的规程、制度	结合现场实际学习	4
	LE55 本单位的有关规程、制度	通过本单元的学习，掌握本单位有关的规程、制度，在生产实践中贯彻和执行	1. 发电机运行规程 2. 化学技术监督规程 3. 制氢技术运行规程 4. 消防规程 5. 有关的规程、制度	结合现场实际学习	4
MU10 触电急救和消防	LE56 触电急救	通过本单元的学习，掌握触电急救的方法，在必要的场合能正确运用	1. 安全用电的基本常识 2. 触电急救的基本知识 3. 本厂有关触电急救的方法	结合现场实际学习	4
	LE57 消防	通过本单元的学习，掌握消防知识，了解消防器材的性能和使用方法	1. 消防的基本常识 2. 消防器材的性能 3. 消防器材的使用方法 4. 消防、灭火过程中的安全注意事项	结合现场实际学习	4

表 2 职业技能模块及学习单元对照选择表

模块	MU1	MU2	MU3	MU4	MU5	MU6	MU7	MU8	MU9	MU10
内容	发电厂运行人员的职业道德	安全技术措施及微机应用	电机氢冷设备规范及运行规定	运行	仪器、仪表的使用及分析试剂的配制	电机氢冷设备的事故分析与处理	运行分析与可靠性管理	发电机冷却系统及辅助设备	有关生产的规程制度	触电急救和消防
参考学时	4	58	48	124	42	84	4	8	8	8
适用等级	初级 中级 高级	初级 中级 高级	初级 中级 高级	初级 中级 高级	初级 中级 高级	初级 中级 高级	中级 高级	中级 高级	初级 中级 高级	初级 中级 高级
学习单元 LE 序号选择　初	1	2, 3, 4	5, 6, 7, 8, 9, 10	11, 14, 15, 16, 17, 18, 19, 20, 25	27, 28, 30, 32, 33	38, 39, 40, 41, 42, 43			54, 55	56, 57
中	1	2, 3, 4	5, 6, 7, 8, 9, 10	21, 22, 23, 26	29	34, 35, 36, 37, 46	48	52	54, 55	56, 57
高	1	2, 3, 4	5, 6, 7, 8, 9, 10	12, 13, 24	31	44, 45, 47	49, 50, 51	53	54, 55	56, 57

表3　　　　　　　　　　　　学习单元名称表

单元序号	单元名称	单元序号	单元名称
LE1	电机氢冷值班员的职业道德	LE20	氢气干燥装置的停用
LE2	安全措施	LE21	水电解制氢设备气密性试验
LE3	技术措施	LE22	氢气干燥装置气密性试验
LE4	计算机的应用	LE23	储氢罐、缓冲罐气密性试验
LE5	氢冷发电机	LE24	发电机氢冷系统气密性试验
LE6	制氢整流装置	LE25	水电解制氢设备碱循环过滤器的清洗
LE7	水电解制氢装置	LE26	氢气母管系统及储氢罐的切换
LE8	氢气干燥装置	LE27	万用电表的使用
LE9	自动控制装置	LE28	氢气测报仪的使用
LE10	用于气体分析的仪器、仪表	LE29	氢气纯度仪的使用
LE11	氢冷发电机的补氢	LE30	氢气湿度仪的使用
LE12	氢冷发电机气体置换	LE31	HM141型（维萨拉）温湿度仪的使用
LE13	氢冷发电机氢、油、水系统的调整	LE32	奥氏气体分析仪的使用
LE14	水电解制氢整流柜的启动	LE33	各种分析试剂的配制
LE15	配制电解液	LE34	氢冷发电机在运行中氢压降低时的处理
LE16	水电解制氢运行中手动补水	LE35	氢冷发电机在运行中氢气纯度降低时的处理
LE17	水电解制氢设备的启动	LE36	氢冷发电机在运行中氢气湿度升高时的处理
LE18	水电解制氢设备的停用	LE37	氢冷发电机在运行中补氢母管氢压下降时的处理
LE19	氢气干燥装置的启动	LE38	水电解制氢过程中气体纯度不合格时的处理

单元序号	单元名称	单元序号	单元名称
LE39	电解槽小室电压升高的处理	LE49	电机氢冷设备经济指标分析及可靠性管理
LE40	电解槽运行中超温的处理	LE50	水电解制氢设备经济指标分析及可靠性管理
LE41	电解槽运行中压力波动大时的处理	LE51	氢气干燥装置经济指标分析及可靠性管理
LE42	水电解制氢设备运行出力低时的处理	LE52	发电机冷却系统
LE43	氢、氧综合塔液位不平衡的处理	LE53	发电机的辅助设备
LE44	氢气干燥装置运行中湿度超标时的处理	LE54	电力系统的有关规程、制度
LE45	水电解制氢装置运行中氢后压高时的处理	LE55	本单位的有关规程、制度
LE46	制氢整流柜跳闸的处理	LE56	触电急救
LE47	氢冷发电机置换中气体纯度不合格的处理	LE57	消防
LE48	发电厂经济指标分析、发电厂可靠性管理		

3 ▽ 职业技能鉴定

3.1 鉴定要求

鉴定内容和考核双向细目表按照本职业（工种）《中华人民共和国职业技能鉴定规范·电力行业》执行。

3.2 考评人员

考评人员分考评员和高级考评员。考评员可承担初、中、高级技能等级鉴定；高级考评员可承担初、中、高级技能等级和技师、高级技师资格考评。其任职条件是：

3.2.1 考评员必须具有高级工、技师或者中级专业技术职务以上的资格，具有 15 年以上本工种专业工龄；高级考评员必须具有高级技师或者高级专业技术职称的资格，取得考评员资格并具有 1 年以上实际考评工作经历。

3.2.2 掌握必要的职业技能鉴定理论、技术和方法，熟悉职业技能鉴定的有关法规和政策，有从事职业技术培训、考核的经历。

3.2.3 具有良好的职业道德，秉公办事，自觉遵守职业技能鉴定考评人员守则和有关规章制度。

鉴定试题库

4

4.1 理论知识（含技能笔试）试题

4.1.1 选择题

下列每题都有 4 个答案，其中只有一个正确答案，将正确答案填在括号内。

La5A1001 某物质如果含有（**B**）个结构微粒，这种物质的量就是 1mol。

（A）$6.02×10^{22}$；（B）$6.02×10^{23}$；（C）$6.02×10^{24}$；（D）$6.02×10^{25}$。

La5A1002 不溶性碱受热后分解为（**B**）。

（A）非金属性氧化物和水；（B）金属氧化物和水；（C）盐和水；（D）碱和水。

La5A1003 氢气和氧气的爆炸上限为（**A**）。

（A）$93.9\%H_2+6.1\%O_2$；（B）$94.9\%H_2+5.1\%O_2$；（C）$95.9\%H_2+4.1\%O_2$；（D）$96.9\%H_2+3.1\%O_2$。

La5A1004 照明电路开关应装在（**A**）。

（A）相线上；（B）地线上；（C）相线和地线都行；（D）中性线上。

La5A1005 电导与电阻的关系为（**D**）。

（A）反比；（B）正比；（C）函数关系；（D）倒数关系。

La5A1006 制氢站氢气纯度不小于（**B**）。
（A）90%；（B）99.5%；（C）92%；（D）95%。

La5A1007 制氢站氧气纯度不小于（**C**）。
（A）90%；（B）92%；（C）99.5%；（D）95%。

La5A1008 制氢站氢气露点不大于（**A**）。
（A）$-50℃$；（B）$-30℃$；（C）$-20℃$；（D）$-10℃$。

La5A1009 发电机内氢气含氧量小于（**D**）。
（A）2%；（B）2.5%；（C）3%；（D）1.2%。

La5A1010 发电机内氢气湿度小于（**C**）。
（A）15 g/m³；（B）20 g/m³；（C）2.5 g/m³；（D）25 g/m³。

La5A1011 制氢装置在正式投入运行前，应进行（**B**）清洗，以除去装置在加工中尚存在各部件内部的机械杂质。
（A）工业水；（B）蒸馏水；（C）蒸汽；（D）压缩空气。

La5A1012 鉴于电解槽是带电操作，在槽体前操作地面上应放置一块（**D**）。
（A）铁板；（B）铝板；（C）木板；（D）绝缘橡胶板。

La5A1013 在装置运行时，不得进行检修工作，若必须修理，需先停车，迫不得已在制氢间进行焊接时，必须对制氢间空气中氢气浓度进行分析，看是否低于爆炸极限值。同时，必须在装置管道内通过（**A**）吹扫，以排除氢和氧气，分析合格后，方可焊接。

（A）氮气；（B）压缩空气；（C）蒸汽；（D）二氧化硫。

La5A1014 所有转动机械检修后的试运行操作，均由（C）根据检修工作负责人的要求进行，检修工作人员不准自己进行试运行的操作。

（A）检修班长；（B）检修工作人员；（C）运行值班人员；（D）分场主任。

La5A2015 水中碳酸化合物指的是（C）的总和。

（A）O_2、CO_3^{-2}；（B）HCO_3^-、CO_3^{2-}；（C）CO_2、HCO_3^-、CO_3^{2-}；（D）CO_2、HCO_3^-。

La5A2016 水煤气成分大致是（A）CO、50%H_2、5% CO_2以及 N_2 和 CH_4 等。

（A）40%；（B）20%；（C）10%；（D）25%。

La5A2017 空气中氮气的含量是氧气的（A）。

（A）3.8 倍；（B）3.5 倍；（C）3.3 倍；（D）3.0 倍。

La5A2018 氢是所有元素中最轻的元素，它主要以（C）存在。

（A）离子态；（B）游离态；（C）化合态；（D）分子态。

La5A2019 电流的大小、方向都不随时间变化的，称为（**B**）。

（A）交流电；（B）直流电；（C）正弦交流电；（D）脉动电流。

La5A2020 导体在电流通过时所发生的阻力作用，称为导体的（**A**）。

（A）电阻；（B）电导；（C）电导率；（D）电阻率。

La5A2021　在电路中，将若干个电阻首尾依此连接起来叫做电阻的（**A**）。

（A）串联；（B）并联；（C）混联；（D）互联。

La5A2022　在电路中，将几个电阻首端和尾端分别连接在两个节点之间，这种连接方法叫做电阻的（**B**）。

（A）串联；（B）并联；（C）混联；（D）互联。

La5A2023　以完全真空作零标准表示的压力，称为（**A**）。

（A）绝对压力；（B）差压力；（C）表压力；（D）相对压力。

La5A2024　测定稳定的压力时，被测介质最大工作压力不应超过压力表满量程的（**D**）。

（A）1/2；（B）1/3；（C）1/4；（D）2/3。

La4A2025　1 mol 物质所包含的结构粒子数与 0.012 kg 的 C–12 的（**A**）相等。

（A）原子数目；（B）分子数目；（C）离子数目；（D）质子数目。

La4A2026　某电阻元件电压提高 **1** 倍，其功率是原来的（**D**）。

（A）1 倍；（B）2 倍；（C）3 倍；（D）4 倍。

La4A2027　晶闸管（也称可控硅）整流电路中，直流输出电压的大小是通过控制可控硅的导通（**C**）来控制。

（A）电阻；（B）电压；（C）时间；（D）电流。

La4A2028 任何物质的电解过程，在数量上的变化均服从（**D**）定律。

（A）牛顿；（B）享利；（C）库仑；（D）法拉第。

La4A2029 在同一水溶液中，若同时存在 K^+ 与 H^+，则有极性方向的水分子迁向（**B**）。

（A）阳极；（B）阴极；（C）中间极板；（D）两极。

La4A2030 当温度升高时，半导体的电阻将（**B**）。

（A）增大；（B）减小；（C）不变；（D）相等。

La4A2031 电解槽的顶部不得高于氢氧分离器液位计的（**B**）。

（A）上部；（B）下部；（C）1/2；（D）2/3。

La4A3032 在晶体二极管的两端加反向电压时，反向电阻很大，反向电流很小，基本处于（**B**）状态。

（A）导通；（B）截止；（C）放大；（D）减小。

La4A3033 在稳压电路中，稳压电阻 R 值增大时，其电流（**B**）。

（A）增大；（B）减少；（C）不变；（D）相等。

La4A3034 加速绝缘老化的主要原因是（**C**）。

（A）电压过高；（B）电流过大；（C）温度过高；（D）时间过长。

La4A3035 低压验电笔一般适用于交、直流电压在（**C**）

以下。

（A）500V；（B）380V；（C）250V；（D）600V。

La4A3036 电流（或电压）的大小随时间按正弦规律变化的电流叫做（**B**）。

（A）直流电；（B）正弦交流电；（C）脉动电流；（D）整流电流。

La4A3037 将交流电变换成直流电的过程叫做（**D**）。

（A）逆变；（B）电解；（C）充电；（D）整流。

La4A3038 储氢罐的气密试验中，保压 **12 h**，每小时泄漏量不应超过（**A**），则系统严密性为合格。

（A）0.5%；（B）1.5%；（C）2.5%；（D）2.0%。

La4A3039 制氢设备的气密试验中，保压 **12 h**，每小时泄漏量不应超过（**A**），则系统严密性为合格。

（A）0.5%；（B）1.5%；（C）2.5%；（D）2.0%。

La4A3040 储氢罐周围［一般在（**C**）以内］应设有围栏，在制氢室中和发电机的附近，应备有必要的消防设备。

（A）15 m；（B）18 m；（C）10 m；（D）20 m。

La4A3041 混合气体中氢气含量低于（**C**）时，氢气与空气中氧气发生反应所产生的热量弥补不了散失的热量，不能使周围的混合气体达到着火点温度，这一限度称为氢爆下限。

（A）约2%；（B）约3%；（C）约4%；（D）约5%。

La4A3042 混合气体中氢气含量高于（**A**）限度时，由于缺氧而无法燃烧，这一限度称为氢爆上限。

（A）约 75%；（B）约 80%；（C）约 85%；（D）约 90%。

La32A2043 通过实验得出，电解时析出 1 g 当量的物质，需要 96 500 C 的电量，这个规律即为（**C**）定律。

（A）亨利；（B）库仑；（C）法拉第电解；（D）牛顿。

La32A2044 交流电通过单相整流电路后，所得到的输出电压是（**B**）。

（A）交流电压；（B）脉动直流电；（C）稳定的直流电；（D）直流电压。

La32A2045 硅稳压管工作于（**D**），它在电路中起稳定电压的作用。

（A）正向电压区；（B）死区电压区；（C）反向电压区；（D）反向击穿区。

La32A2046 氢氧排空管出口距离应不少于（**B**），管口应设有防雨罩或管口水平设置。

（A）6 cm；（B）10 cm；（C）8 cm；（D）5 cm。

La32A2047 电解槽与框架的基础高出地面（**D**），基础周围有排污地沟。

（A）5～8 cm；（B）5～9 cm；（C）5～6 cm；（D）10～20 cm。

La32A3048 在晶闸管整流装置中，自动稳定调整回路常采用直流互感器作为（**C**）。

（A）保护元件；（B）测量元件；（C）反馈元件；（D）平衡元件。

La32A3049 正弦交流电的三要素是指交流电的幅值、频率、（**B**）。

（A）相位角；（B）初相位；（C）有效值；（D）周期。

La32A3050 正弦交流电的幅值是指交流电的电压（或电流）的（**A**）瞬时值。

（A）最大；（B）平均；（C）最小；（D）有效。

La32A3051 正弦交流电的频率是指交流电在单位时间内循环变化的（**B**）。

（A）幅度；（B）周数；（C）周期；（D）相位。

La32A3052 电解槽运行时，槽温应控制在（**C**）的范围内。

（A）35～45 ℃；（B）45～55 ℃；（C）75～85 ℃；（D）85～95 ℃。

La32A3053 在距氢系统（**C**）范围内，化验含氢量不超过 **3%** 方可允许工作。

（A）15 m；（B）10 m；（C）5 m；（D）20 m。

La32A3054 电解槽生产的氢气纯度略高于氧气纯度，氢气中的主要杂质是（**A**）。

（A）氧气和水蒸气；（B）二氧化碳和氧气；（C）二氧化碳和水蒸气；（D）氮气和氧气。

La32A3055 整流柜与电解槽连接的电缆（或铜排）应沿地沟敷设，注意电缆（或铜排）地沟与其他管路地沟分别设置，地沟沿高出地面（**A**）。

（A）5 cm；（B）1 cm；（C）2 cm；（D）3 cm。

La32A3056 电解槽在水泥基座上固定时，用地脚螺栓固定一端，另一端不固定。安装柱塞泵的基础应高出地面（**C**），以便拆卸维修。

（A）10 cm；（B）15 cm；（C）25 cm；（D）20 cm。

La32A4057 正弦交流电的初相位是指交流电循环变化起始点的（**B**）。

（A）幅值；（B）相位角；（C）角频率；（D）瞬时值。

La32A5058 在部分电路欧姆定律中，电流、电压、电阻三者之间的关系为（**B**）。

（A）电流与电阻两端的电压成正比，与电阻成正比；（B）电流与电阻两端的电压成正比，与电阻成反比；（C）电流与电阻两端的电压成反比，与电阻成反比；（D）电流与电阻两端的电压成反比，与电阻成正比。

La32A5059 在氧液位调节中，通过继电器线路控制补水泵的启动或停止。当液位低于 **100 mm** 时，启动补水泵经氢综合塔中关入除盐水，当液位高于（**A**）时，补水泵停止运行。

（A）200 mm；（B）250 mm；（C）300 mm；（D）400 mm。

La32A5060 由于冷却水长期中断，使电解槽温度超过（**C**）时，应切断电源，停止电解槽运行。

（A）60 ℃；（B）70 ℃；（C）90 ℃；（D）100 ℃。

La32A5061 凝结水中断，给水箱水位达最低水位（**B**）时，应切断电源，停止电解槽运行。

（A）100 mm；（B）150 mm；（C）80 mm；（D）90 mm。

La32A5062 制氢机首次开机或停机较长时间后再开机，

一般要求先冲氮，冲氮压力为（**B**），目的是排除系统内空气。

（A）1.0～1.5 MPa；（B）0.3～0.4 MPa；（C）1.5～2.0 MPa；（D）2.0～2.5 MPa。

La32A5063 大修后的电解槽进行氮气吹洗系统时，应使其系统含氧量低于（**C**）。

（A）3%；（B）4%；（C）2%；（D）5%。

La32A5064 电解制氢设备大修后，水压试验为常压的（**D**）。

（A）1倍；（B）3倍；（C）4倍；（D）1.25倍。

La32A5065 电解制氢设备大修后，气压试验为常压的（**B**）。

（A）1倍；（B）1.25倍；（C）2倍；（D）3倍。

La32A5066 用二氧化碳作中间介质时，气体纯度按容积计不得低于**98%**，水分含量按质量计不得大于（**B**）。

（A）0.5%；（B）0.1%；（C）1%；（D）2%。

La32A5067 用氮气作中间介质时，氮气的纯度按容积计不得低于**975%**，水分含量按质量计不得大于（**C**）。

（A）1%；（B）2%；（C）0.1%；（D）0.5%。

La32A5068 电解槽对地电阻要大于（**D**）。
（A）0.1 MΩ；（B）0.3 MΩ；（C）0.5 MΩ；（D）1 MΩ。

La32A5069 电解槽极片间电阻要大于（**B**）。
（A）10 MΩ；（B）100 MΩ；（C）50 MΩ；（D）80 MΩ。

La32A5070 当氢综合塔液位低于调节范围下限（**B**）时，启动补水泵补水。

（A）50 mm；（B）100 mm；（C）200 mm；（D）300 mm。

La32A5071 当氢综合塔液位高于调节范围上限（**A**）时，停止补水。

（A）200 mm；（B）250 mm；（C）300 mm；（D）350 mm。

Lb5A1072 氢冷发电机内充满氢气时，密封油压应（**B**）。

（A）小于氢压；（B）大于氢压；（C）与氢压基本相等；（D）与氢压完全相等。

Lb5A1073 氢、氧压力调整器水位差不允许超过（**C**）。

（A）200 mm；（B）150 mm；（C）100 mm；（D）50 mm。

Lb5A1074 发电机大修后用肥皂查漏时，必须在（**B**）和额定氢压下各做一次。

（A）0.5 MPa；（B）0.1 MPa；（C）1 MPa；（D）2 MPa。

Lb5A1075 自动补氢装置阀前的氢压比额定运行氢压高0.2 MPa 以上，一般以 **0.6～0.8 MPa** 为宜，最高不超过（**A**）。

（A）1.0 MPa；（B）1.5 MPa；（C）2 MPa；（D）2.5 MPa。

Lb5A1076 氢冷却器氢温应控制在 46 ℃（允许在 40 ℃～48 ℃之间变化），各氢冷却器冷氢温差应在（**C**）以内。

（A）3 ℃；（B）4 ℃；（C）2 ℃；（D）5 ℃。

Lb5A1077 在转动机械试运行起动时，除（**C**）外，其他人员应先远离，站在转动机械的轴向位置，以防止转动部分飞出伤人。

（A）检修班长；（B）检修工作人员；（C）运行操作人员；（D）分场主任。

Lb5A1078 氢冷发电机的轴封必须严密，当机内充满氢气时，轴封油不准中断，油压应（A）氢压，以防空气进入发电机外壳内或氢气充满汽轮机的油压系统中，而引起爆炸。主油箱上的排烟机，应保持经常运行，如排烟机故障时，应采取措施使油箱内不积存氢气。

（A）大于；（B）小于；（C）等于；（D）大于或等于。

Lb5A1079 发电机氢冷系统中含氧量不应超过（**B**）。

（A）1%；（B）2%；（C）3%；（D）4%。

Lb5A2080 氧气压力调整器针形阀泄漏时，氢气压力调整器水位就（**B**）。

（A）升高；（B）降低；（C）两侧基本持平；（D）两侧完全持平。

Lb5A2081 电解槽的电源采用（**A**）。

（A）直流电；（B）交流电；（C）交、直流两用；（D）交、直流切换。

Lb5A2082 补水箱自动补水的原理是依靠（**D**）。

（A）补水箱安装标高比压力调整器高、利用水位差自动补水；（B）补水箱内部压力高于压力调整器，利用压力差补水；（C）依靠氢、氧综合塔的液位差；（D）依靠氢综合塔的液位高低转换成气讯号来进行自动补水。

Lb5A2083 氢、氧综合塔内的电解液液位，在正常运行时应该是（**A**）。

（A）氢略高于氧；（B）氧略高于氢；（C）氢处在高位；（D）氧处在高位。

Lb5A2084 QG10/3.2–A 型氢气干燥装置的工作原理是（**A**）。

（A）变温吸附；（B）低温吸附；（C）常温吸附；（D）高温吸附。

Lb5A2085 QG10/3.2–A 型氢气干燥装置的干燥器内装有（**C**）。

（A）硅胶；（B）铝胶；（C）13X 分子筛；（D）无水氯化钙。

Lb5A2086 QG10/3.2–A 型氢气干燥装置正常工作时，两台吸附干燥器应（**C**）。

（A）一起运行；（B）一起再生；（C）一台运行，一台再生；（D）一台加热，一台吹冷。

Lb5A2087 奥氏气体分析仪配制吸收 CO_2 的吸收液用 30%的 KOH 和 25%的焦性没食子酸，它们的比例是（**A**）。

（A）1.0:1.0；（B）1.0:0.5；（C）1.0:2.0；（D）1.0:1.5。

Lb5A2088 发电机供出的电能是由（**B**）转换来的。

（A）动能；（B）机械能；（C）化学能；（D）热能。

Lb5A2089 能把其他形式的能量转换成电能的设备叫做（**A**）。

（A）电源；（B）电动势；（C）电流源；（D）热源。

Lb5A2090 发电量以千瓦时为计量单位，这是（**C**）的单位。

（A）电流；（B）电压；（C）电能；（D）电功率。

Lb5A2091 在直流电路中，我们把电流流出电源的一端叫做电源的（**A**）。

（A）正极；（B）负极；（C）端电压；（D）端电流。

Lb5A2092 整流柜的作用是为电解制氢装置提供（**C**）。

（A）控制信号；（B）交流电源；（C）直流电源；（D）恒流电源。

Lb5A3093 DQ–32/5 型制氢系统是靠（**B**）使碱液进行强制循环的。

（A）系统压力；（B）屏蔽式磁力泵；（C）自然循环；（D）碱液温升。

Lb5A3094 制氢系统补入的水是（**D**）。

（A）生水；（B）软化水；（C）净水；（D）除盐水。

Lb5A3095 为保证电解效率，进入电解槽前的电解液温度必须冷却到（**C**），以保证电解槽出口温度不超过 85 ℃。

（A）45～50 ℃；（B）55～60 ℃；（C）60～65 ℃；（D）65～70 ℃。

Lb5A3096 储氢罐的有效容量应能满足（**D**）运行机组的补氢量。

（A）3 天；（B）5 天；（C）8 天；（D）10 天。

Lb5A3097 储氢罐的有效容量应能满足置换最大机组的

（A）用氢量的需要。

（A）1次；（B）2次；（C）3次；（D）4次。

Lb5A3098 二氧化碳总储存量应根据置换一台最大机组所需量的（D）来计算。

（A）1.5倍；（B）2.0倍；（C）2.5倍；（D）3.0倍。

Lb5A3099 电解板的不平度不大于 **1 mm**,其缺陷只许用（C）消除。

（A）铜锤；（B）铁锤；（C）木槌；（D）不锈钢锤。

Lb5A3100 气体置换过程中，应从（A）取样门取样分析后，比较以确定纯度是否合格。

（A）2个不同地点；（B）3个不同地点；（C）4个不同地点；（D）5个不同地点。

Lb5A3101 电解槽与框架之间的连接管路（气液混合管路）架空敷设，管路折线不应大于（A）。

（A）2 m；（B）3 m；（C）4 m；（D）5 m。

Lb5A3102 禁止用两只手分别接触电解槽的（A）。

（A）两个不同电极；（B）同一电极；（C）中心点；（D）端部。

Lb5A3103 氢气经冷却器后的出口温度应不大于（C）。

（A）10 ℃；（B）20 ℃；（C）30 ℃；（D）40 ℃。

Lb5A3104 发电机通过运转而产生电动势，它是一种能连续提供电流的装置，所以称它为（A）。

（A）电源；（B）电动势；（C）电压源；（D）发电机。

Lb5A3105 电动机从电源吸收无功功率，是产生（**C**）的。

（A）机械能；（B）热能；（C）磁场；（D）动能。

Lb5A3106 导体在磁场中相对运动，则在导体中产生感应电动势，其方向用（**B**）确定。

（A）左手定则；（B）右手定则；（C）右手螺旋定则；（D）无法确定。

Lb5A3107 发电机冷却水中断超过（**B**）保护拒动时，应手动停机。

（A）60 s；（B）30 s；（C）90 s；（D）120 s。

Lb5A4108 氢气的排出管必须伸出厂房外（**A**），而且应设防雨罩，以防雨水进入管内，形成水封，妨碍排氢。

（A）离地 2 m 以上；（B）离地 3 m 以上；（C）离地 5 m以上；（D）离地 10 m 以上。

Lb5A4109 氢气的爆炸极限为当氢气中含氧（**B**）。

（A）3%～80%；（B）4%～74%；（C）6%以下；（D）85%以上。

Lb4A1110 氢气和氧气的混合气体是一种爆炸性气体，其爆炸下限为（**B**）。

（A）3.65%H_2+94.5%O_2；（B）4.65%H_2+93.5%O_2；（C）5.65%H_2+92.5%O_2；（D）6.65%H_2+91.5%O_2。

Lb4A1111 氢气干燥器再生程序是（**D**）。

（A）自冷、吹冷、加热；（B）吹冷、自冷、加热；（C）加热、自冷、吹冷；（D）加热、吹冷、自冷。

Lb4A1112 氢气干燥装置在再生过程中用的再生气是（**B**）。

（A）氮气；（B）氢气；（C）二氧化碳；（D）惰性气体。

Lb4A1113 水电解制氢过程中"氢中氧"表计指示应小于（**A**）才合格。

（A）0.2%；（B）0.3%；（C）0.4%；（D）0.5%。

Lb4A1114 水电解制氢过程中"氧中氢"表计指示应小于（**A**）才合格。

（A）0.8%；（B）0.7%；（C）0.6%；（D）0.5%。

Lb4A1115 经氢气干燥装置后，氢气中含水量小于（**C**）才为合格。

（A）-20 ℃露点；（B）-30 ℃露点；（C）-40 ℃露点；（D）-50 ℃露点。

Lb4A1116 氢气干燥器在发电机运行时，不可脱离运行。当机内湿度大于（**D**）［大气压下测量值］时，应立即检查干燥器是否失效，同时进行排污和补充新鲜氢气。

（A）2 g/m^3；（B）4 g/m^3；（C）6 g/m^3；（D）1 g/m^3。

Lb4A1117 空气侧密封油压应高于氢气侧密封油压一定值，其值一般为（**C**），差压阀跟踪性能良好。

（A）5 kPa；（B）10 kPa；（C）1 kPa；（D）15 kPa。

Lb4A1118 在密封容器内，氢气和空气混合，当氢气含量在（**B**）以上，且有火花或温度在 **700 ℃** 以上时，就有可能爆炸。

（A）60%；（B）47.6%；（C）70%；（D）80%。

Lb4A1119 在氢冷发电机附近进行明火作业时，需对附近地区的气体进行取样化验，空气中所含氢气在（**B**）以下，即为合格，方可动工。

（A）5%；（B）3%；（C）8%；（D）10%。

Lb4A1120 当充氢气排二氧化碳时，氢气含量均大于96%，氧气含量小于（**A**），且打开各死区的放气阀或放油门，吹扫死角，当达到以上标准时，气体置换才能结束。

（A）2%；（B）4%；（C）6%；（D）8%。

Lb4A1121 槽温调节中，调节根据气压信号的大小调整开度，从而调整冷却水的流量，使进入电解槽的碱液温度维持在（**C**）左右。

（A）40 ℃；（B）50 ℃；（C）70 ℃；（D）90 ℃。

Lb4A1122 制氢设备氢气系统中含氧量不应超过（**C**）。

（A）1%；（B）2%；（C）0.5%；（D）3%。

Lb4A1123 储氢设备（包括管道系统）和发电机氢冷系统进行检修前，必须将检修部分与相连的部分隔断加装严密的堵松，并将氢气置换为（**C**）。

（A）氧气；（B）氮气；（C）空气；（D）蒸汽。

Lb4A1124 储氢罐应涂以（**A**），储氢罐上的安全门应定期校验，保证动作良好。

（A）白色；（B）红色；（C）蓝色；（D）黄色。

Lb4A1125 正常运行中发电机内氢气压力（**B**）定子冷却水压力。

（A）小于；（B）大于；（C）等于；（D）无规定。

Lb4A2126 水电解制氢装置的槽温、槽压、差压调节是通过（**C**）来进行的。

（A）压力信号；（B）电流信号；（C）气动信号；（D）电压信号。

Lb4A2127 不论发电机投运与否，只要发电机内部充有氢气就必须保持密封瓦油压比内部氢压高（**B**）。

（A）0.01～0.03 MPa；（B）0.02～0.04 MPa；（C）0.03～0.05 MPa；（D）0.04～0.06 MPa。

Lb4A2128 氢冷发电机的轴封必须严密，当机内充满氢气时（**C**）不准中断。

（A）冷却水；（B）密封水；（C）密封油；（D）轴封水。

Lb4A2129 密封油压应（**B**）氢压，以防空气进入发电机内或氢气充满汽轮机的油系统中引起爆炸。

（A）接近；（B）大于；（C）小于；（D）等于。

Lb4A2130 框架与电解槽之间距离 **2 m** 左右，框架与控制柜之间距离不大于（**A**）。

（A）20 m；（B）30 m；（C）40 m；（D）35 m。

Lb4A2131 电解水制氢装置在搁置较长时间后，重新开车或正常运行期间，每隔（**A**），均需用比重计重新测定碱浓度使其保持在正常范围内，低于正常值时，应向制氢机内补碱。

（A）2 个月；（B）半年；（C）一年；（D）10 个月。

Lb4A2132 氢冷器的冷却水常用（**C**），而以工业水作为备用。

（A）软化水；（B）凝结水；（C）循环水；（D）闭式水。

Lb4A3133 氢冷发电机在任何工作压力和温度下,氢气的相对湿度不得大于(**D**)。

(A)70%;(B)75%;(C)80%;(D)85%。

Lb4A3134 焦性没食子酸与 **KOH** 溶液混合,生成焦性没食子酸钾,用来分析气体中 O_2 的含量,它具有(**A**)。

(A)强还原性;(B)强氧化性;(C)强吸附性;(D)强溶解性。

Lb4A3135 氢冷发电机检修前,必须进行冷却介质(**D**)。
(A)冲洗;(B)排放;(C)回收;(D)置换。

Lb4A3136 电解室要保持良好的通风以防止氢气(**C**)。
(A)着火;(B)燃烧;(C)聚集;(D)爆炸。

Lb4A3137 氢气分离器内洗涤的主要作用是(**B**)。
(A)氢气冲出碱液;(B)淋洗;(C)浴洗;(D)冲洗。

Lb4A3138 电解液过滤器内的套筒上开有若干小孔,外包双层(**C**)滤网。
(A)铜丝;(B)铁丝;(C)镍丝;(D)不锈钢丝。

Lb4A3139 补水泵的启动与停止是由(**A**)决定的。
(A)氢综合塔液位;(B)氧综合塔液位;(C)补水箱液位;(D)碱液箱液位。

Lb4A3140 用二氧化碳置换发电机氢冷系统氢气时,当系统中的二氧化碳含量大于(**D**)时,为置换合格。
(A)80%;(B)85%;(C)90%;(D)95%。

Lb4A3141 氢气干燥装置应良好接地，接地电阻应小于（**B**）。

（A）8 Ω；（B）4 Ω；（C）10 Ω；（D）15 Ω。

Lb4A3142 如果装置停车时间较长，超过（**D**）不启动，应将电解槽内碱液排出，并使之充满蒸馏水。

（A）1个月；（B）2个月；（C）3个月；（D）半年。

Lb4A3143 为了防止出现装置漏碱、漏气等事故，须备好防护眼镜和（**B**）的硼酸溶液。在配制氢氧化钠电解液时要带上胶手套。

（A）5%～6%；（B）2%～3%；（C）7%～8%；（D）9%～10%。

Lb4A4144 将气源通过一个减压器，统一减压至（**C**），才能在气动仪表中使用。

（A）0.1 MPa；（B）0.12 MPa；（C）0.14 MPa；（D）0.16 MPa。

Lb4A4145 使空气中水蒸气刚好饱和时的温度称为（**D**）。

（A）湿度；（B）相对湿度；（C）绝对湿度；（D）露点。

Lb4A4146 分子筛的再生温度比硅胶高，一般可达到（**C**）。

（A）100 ℃；（B）200 ℃；（C）300 ℃；（D）400 ℃。

Lb4A4147 氢气干燥器内吸附剂的再生实际上是（**D**）。

（A）恒温干燥；（B）减温干燥；（C）变温干燥；（D）加热干燥。

Lb4A4148 工业生产中常用的湿度是以（**B**）表示。

（A）相对湿度；（B）绝对湿度；（C）水分；（D）露点。

Lb4A4149 二氧化碳的密度为（**C**）。
（A）1.20 g/L；（B）1.30 g/L；（C）1.52 g/L；（D）2.00 g/L。

Lb4A4150 二氧化碳置换排氢是从发电机的（**D**）。
（A）顶部进入；（B）上部进入；（C）中部进入；（D）下部进入。

Lb4A4151 排氢过程中，由排出口取气样进行化验。当二氧化碳的含量为（**B**）以上、压力大于 50 kPa 时，可停止充二氧化碳。
（A）90%；（B）95%；（C）96%；（D）98%。

Lb4A4152 排氢过程中，由排出口取气样做化验，当氮的含量为（**C**）以上、压力大于 50 kPa 时，可停止充氮。
（A）85%；（B）90%；（C）96%；（D）98%。

Lb4A4153 在制氢设备运行过程中，槽温过高的主要原因是（**B**）。
（A）补水量不足；（B）冷却水量不足；（C）电解液浓度低；（D）整流柜输出电流大。

Lb4A4154 氢气运行中易外漏，当氢气与空气混合达到一定比例时，遇到明火即产生（**A**）。
（A）爆炸；（B）燃烧；（C）火花；（D）有毒气体。

Lb4A4155 密封油的作用是（**C**）。
（A）冷却氢气；（B）润滑发电机轴承；（C）防止氢气外漏；（D）其他。

Lb4A4156 为了保证氢冷发电机的氢气不从两侧端盖与轴之间逸出，运行中要保持密封瓦的油压（**A**）氢压。

（A）大于；（B）等于；（C）小于；（D）近似于。

Lb32A2157 氢罐安全阀起座和回座压力的整定值均以（**A**）的规定为准。

（A）《压力容器安全监察规程》；（B）《电力工业技术管理法规》；（C）《电力生产事故调查规程》；（D）《发电厂安全工作规程》。

Lb32A2158 当发电机绕组中流过电流时，在绕组的导体内会产生损耗而发热，这种损耗称为（**B**）。

（A）铁损耗；（B）铜损耗；（C）涡流损耗；（D）其他损耗。

Lb32A2159 检修后的制氢设备在启动投运前，应用氮气吹洗整个系统，从氢气取样门进行气体含氧量分析，直到含氧量小于（**C**）为止。

（A）0.5%；（B）1.5%；（C）2.0%；（D）4.0%。

Lb32A2160 电解 H_2O 时，要加入一定量的 KOH，此时，电解液中存在（**D**）等离子。

（A）H^+、OH^-；（B）H^+、K^+；（C）H^+、O^{2-}、K^+；（D）H^+、K^+、OH^-。

Lb32A2161 DQ–5/3.2–A 型电解槽的电解小室数量是（**B**）。

（A）44 个；（B）46 个；（C）48 个；（D）50 个。

Lb32A2162 氢氧分离器液位差应为（**C**）。

（A）±40 mm；（B）±50 mm；（C）±20 mm；（D）±60 mm。

Lb32A2163 在正常情况下，各电解小室的电压分布应该是平均的，其数值一般在（C）之间。

（A）1.6～2.2；（B）1.7～2.3；（C）1.8～2.4；（D）1.9～2.5。

Lb32A2164 氢冷发电机内气体的纯度指标：氢气的纯度不低于（C）。

（A）94%；（B）95%；（C）96%；（D）97%。

Lb32A2165 用 CO_2 置换发电机氢冷系统氢气时，当系统中 CO_2 含量大于（D）时，置换合格。

（A）80%；（B）85%；（C）90%；（D）95%。

Lb32A2166 氢氧排空管的高度应超出屋顶（A）。

（A）1.5 m；（B）1 m；（C）0.5 m；（D）0.8 m。

Lb32A2167 为了防止出现装置漏碱、漏气等事故，须备好防护眼镜和（B）的硼酸溶液。在配制氢氧化钠电解液时要戴上胶手套。

（A）5%～6%；（B）2%～3%；（C）7%～8%；（D）9%～10%。

Lb32A3168 发电机用抽真空充、排氢气时，其一大缺点是配合不当，稍有不慎，（C）极易漏入机内。

（A）空气；（B）轴封水；（C）密封油；（D）氮气。

Lb32A3169 QG10/3.2–A 型氢气干燥装置采用（D），来脱除氢气中的水分，达到氢冷发电机用氢的要求。

（A）低温吸附法；（B）常温吸附法；（C）高温吸附法；

（D）变温吸附法。

Lb32A3170 槽压信号的取出点是在（**B**）。

（A）氢综合塔上部气侧；（B）氧综合塔上部气侧；（C）氢综合塔下部液侧；（D）氧综合塔下部液侧。

Lb32A3171 电解液的测温点接在（**C**）。

（A）碱液循环泵进口；（B）电解槽出口；（C）碱液循环泵出口；（D）电解槽进口。

Lb32A3172 槽温是依靠（**B**）流量的大小来调节的。

（A）碱液冷却器；（B）氢与氧综合塔冷却器；（C）氢与氧综合塔的碱液；（D）电解槽的碱液。

Lb32A3173 氢冷发电机在任何工作压力和温度下，氢气的相对湿度不得大于（**D**）。

（A）70%；（B）75%；（C）80%；（D）85%。

Lb32A3174 氢冷发电机的轴封必须严密，当机内充满氢气时，（**C**）不准中断。

（A）冷却水；（B）密封水；（C）密封油；（D）轴封水。

Lb32A3175 氢冷发电机内充满氢气时，密封油压应（**B**）。

（A）小于氢压；（B）大于氢压；（C）与氢压应基本相等；（D）与氢压应完全相等。

Lb32A3176 电解水制氢装置在正常情况下，每隔（**C**）进行一次大修（如果一切运行正常可适当延长大修期限）。大修时对电解槽必须全部拆卸清洗，更换全部氟塑料隔膜石棉垫片，对其他各配件也应更换其易损件。

（A）2 年；（B）3 年；（C）5 年；（D）10 年。

Lb32A3177 制氢间内必须备有 2%～3%的（**A**）溶液，以备烧伤时中和用。

（A）稀硼酸；（B）稀盐酸；（C）稀碳酸；（D）稀磷酸。

Lb32A4178 氢气在发电机内湿度往往会增大，其水分的主要来源是（**B**）。

（A）氢气中原有的水分；（B）发电机轴承密封系统透平油中的水分渗入；（C）发电机内冷器泄漏；（D）发电机内冷水的漏入。

Lb32A4179 能比较彻底地去除氢气中水分的方法是（**D**）。

（A）冷却法；（B）变温法；（C）吸附法；（D）发电机外吸附法和发电机内冷却法两者配合。

Lb32A4180 不能作为中间气体的是（**A**）。

（A）氧气；（B）氮气；（C）二氧化碳；（D）氦气。

Lb32A4181 屏蔽泵声音不正常的主要原因之一是（**C**）。

（A）电解液不清洁；（B）测温点漏碱；（C）石墨轴承磨损；（D）碱液循环量不足。

Lb32A4182 为防止压缩空气漏入机内与氢气混合形成爆炸性气体，氢冷发电机的压缩空气管道应有（**A**），当以氢冷方式运行时，可以将其断开。

（A）活动接头；（B）固定接头；（C）阀门隔绝；（D）堵板。

Lb32A4183 实践证明，只要使密封油压力高于氢压（**C**）就可以封住氢冷发电机内的氢气。

（A）0.014 MPa；（B）0.015 MPa；（C）0.016 MPa；（D）0.017 MPa。

Lb32A4184 氢侧回油控制箱不存在（**D**）的作用。

（A）氢、油隔离；（B）沉淀、分离；（C）调节油量度；（D）调节油温。

Lb32A4185 发电机连续运行的最高电压不得超过额定电压的（**A**）。

（A）1.1 倍；（B）1.2 倍；（C）1.3 倍；（D）1.4 倍。

Lb32A4186 当发电机冷氢温度为额定值时，其负荷应不高于额定值的（**A**）。

（A）1.1 倍；（B）1.2 倍；（C）1.3 倍；（D）1.4 倍。

Lb32A5187 氢综合塔出口的氢气，经蛇形管冷却后，温度应控制在（**B**）以下。

（A）40 ℃；（B）30 ℃；（C）45 ℃；（D）50 ℃。

Lb32A5188 氢冷发电机的冷却介质，由氢气换为空气，或由空气换为氢气的操作，应按专门的置换规程进行，在置换过程中，须注意（**D**），防止误操作。

（A）温度变化；（B）压力变化；（C）时间；（D）取样化验工作的正确性。

Lb32A5189 稀碱运行时使用质量百分比浓度为（**C**）KOH或 10%NaOH 水溶液。

（A）10%；（B）20%；（C）15%；（D）30%。

Lb32A5190 当空气中的含氢量在（A）时，其混合气体遇火就有引起爆炸的危险。

（A）5%～76%；（B）50%～60%；（C）40%～50%；（D）20%～30%。

Lb32A5191 发电机氢冷系统和制氢设备中的氢气（A）和含氧量，在运行中必须按专用规程的要求进行分析化验。

（A）纯度；（B）温度；（C）容积；（D）压力。

Lb32A5192 气瓶应（B）固定的支架上，不要受热，并尽量避免直接受日光照射。

（A）横卧在；（B）直立在；（C）斜放在；（D）随意放在。

Lb32A5193 制氢室中应备有橡胶手套和防护眼镜，以供进行与碱液有关的工作时应用。还应备有（D）溶液，以供中和溅到眼睛或皮肤上的碱液。

（A）草酸；（B）碳酸；（C）乙酸；（D）稀硼酸。

Lb32A5194 制氢室和机组的供氢站应采用防爆型电气装置，并采用（D）门窗，门应向外开。室外还应装防雷装置。

（A）钢制；（B）铝合金；（C）任何材质；（D）木制。

Lb32A5195 发电机长期停备期间，应采取措施保持定子绕组温度不低于（B）。

（A）10 ℃；（B）5 ℃；（C）30 ℃；（D）20 ℃。

Lb32A5196 正常运行的发电机，在调整有功负荷时，对发电机无功负荷（B）。

（A）没有影响；（B）有一定的影响；（C）影响很大；（D）不一定有影响。

Lc5A1197　电击对人体的真正危害是（**D**）。

（A）烧伤；（B）烫伤；（C）跌伤；（D）缺氧、心脏停搏。

Lc5A1198　绝缘手套的试验周期是（**C**）。

（A）1个月1次；（B）3个月1次；（C）6个月1次；（D）每年1次。

Lc5A1199　制氢室着火时，应立即停止电气设备运行，切断电源，排除系统压力，并用（**A**）灭火器灭火。

（A）二氧化碳；（B）1211；（C）干式；（D）泡沫式。

Lc5A1200　凡在离地面（**A**）及以上的地点进行的工作，都应视作高处作业。

（A）2 m；（B）4 m；（C）5 m；（D）6 m。

Lc5A1201　发生氢气着火后，不要惊慌，应立即切断氢气来源，或用（**C**）使其与空气隔绝，就能熄灭火焰。

（A）空气；（B）蒸汽；（C）二氧化碳；（D）水。

Lc5A1202　储氢罐应装设压力表、安全阀，并（**A**）校验一次，以保证其正确性。

（A）每年；（B）2年；（C）3年；（D）5年。

Lc5A1203　在标准状态下，水电解生成 1 m³ 氢气及 0.5 m³ 氧气，理论上需要（**C**）水。

（A）500 g；（B）600 g；（C）840 g；（D）800 g。

Lc5A1204　氧气瓶的漆色是（**A**）。

（A）天蓝色（黑字）；（B）深绿色（红字）；（C）白色（红

字）；（D）黄色（黑字）。

Lc5A2205 劳动保护就是保护劳动者在劳动过程中的（**B**）而进行的管理。

（A）安全和经济；（B）安全和健康；（C）安全和质量；（D）安全和培训。

Lc5A2206 触电人心脏跳动停止时应采用（**B**）方法进行抢救。

（A）人工呼吸；（B）胸外心脏按压；（C）打强心针；（D）摇臂压胸。

Lc5A2207 氢站在线氢中氧气体分析仪中装有硅胶，正常未吸潮时的颜色应为（**A**）。

（A）蓝色；（B）黄色；（C）红色；（D）黑色。

Lc5A2208 因工作需要进入氢站的人员必须（**D**），并不得穿化纤服和带铁钉的鞋子。

（A）经有关领导批准；（B）使用铜制工具；（C）持有动火工作票；（D）交出火种。

Lc5A2209 制氢站内必需进行动火作业时，一定要（**B**）。

（A）经有关领导批准；（B）使用动火工作票；（C）消防队同意；（D）做好安全措施。

Lc5A2210 由于漏氢而着火时，应用（**A**）灭火器灭火并用石棉布密封漏氢处，不使氢气逸出，或采用其他方法断绝气源。

（A）二氧化碳；（B）1211；（C）干式；（D）泡沫式。

Lc5A2211 在没有脚手架或者在没有栏杆的脚手架上工作，高度超过（**A**）时，必须使用安全带，或采取其他可靠的安全措施。

（A）1.5 m；（B）2 m；（C）3 m；（D）4 m。

Lc5A2212 电气工具和用具应由专人保管，每（**B**）须由电气试验单位进行定期检查。

（A）2 个月；（B）6 个月；（C）3 个月；（D）1 年。

Lc4A2213 为提高水电解制氢的纯度，在电解液中应加入浓度为（**D**）的五氧化二矾。

（A）2%；（B）2 g/L；（C）2 mg/L；（D）0.2%。

Lc4A2214 为防止可能有爆炸性气体，在制氢设备上敲打时，必须使用（**B**）工具。

（A）钢质；（B）铜质；（C）铁质；（D）铝质。

Lc4A2215 灭火器、黄沙桶、消防带、消防栓等消防设施的外观检查应（**A**）1 次。

（A）1 个月；（B）2 个月；（C）3 个月；（D）6 个月。

Lc4A2216 当强碱溅到眼睛内或皮肤上时，应迅速用大量的清水冲洗，再用（**A**）的稀硼酸溶液清洗眼睛或用 1% 的醋酸清洗皮肤。经上述处理后，应立即送医务所急救。

（A）2%；（B）5%；（C）8%；（D）10%。

Lc4A2217 在应急管理中，（**C**）阶段的目标是尽可能地抢救受害人员，保护可能受威胁的人群，并尽可能控制并消除事故。

（A）预防；（B）准备；（C）响应；（D）恢复。

Lc4A2218 对受伤人进行急救的第一步应该是（**A**）。

（A）观察伤者有无意识；（B）对出血部位进行包扎；（C）进行心脏按摩；（D）摇臂压胸。

Lc4A3219 二氧化碳灭火器不怕冻，但怕高温，所以要求其存放地点温度不得超过（**C**）。

（A）58 ℃；（B）48 ℃；（C）38 ℃；（D）28 ℃。

Lc4A3220 二氧化碳是电的不良导体，所以二氧化碳适用于扑灭（**D**）带电设备的火灾。

（A）380 V 以下；（B）500 V 以下；（C）1000 V 以下；（D）10 kV 以下。

Lc4A3221 用万用电表测定电解槽小室电压时，应先了解被测电压的大致范围，如果不清楚其范围，则应选用电压档（**A**）测定档次。

（A）大的；（B）小的；（C）中间的；（D）随意。

Lc4A3222 防雷保护装置的接地称为（**C**）。

（A）工作接地；（B）保安接地；（C）防雷接地；（D）防爆接地。

Lc4A3223 黄色试温蜡片在（**C**）时开始熔化。

（A）40 ℃；（B）50 ℃；（C）60 ℃；（D）70 ℃。

Lc4A3224 绿色试温蜡片在（**C**）时开始熔化。

（A）50 ℃；（B）60 ℃；（C）70 ℃；（D）80 ℃。

Lc4A3225 红色试温蜡片在（**C**）时开始熔化。

（A）60 ℃；（B）70 ℃；（C）80 ℃；（D）90 ℃。

Lc4A3226　执行动火工作票，必须经消防队进行氢含量测定，证实作业区内空气中氢含量小于（**D**），并经厂主管生产的领导批准后方可开始工作。

（A）1%；（B）2%；（C）5%；（D）3%。

Lc4A3227　储氢罐应装设压力表、（**B**），并每年校验一次，以保证其正确性。

（A）排气阀；（B）安全阀；（C）疏水阀；（D）减压阀。

Lc4A3228　被电击的人能否获救，关键在于（**D**）。

（A）触电的方式；（B）人体电阻的大小；（C）触电电压的高低；（D）能否尽快脱离电源和施行急救。

Lc4A3229　以下几种逃生方法中，（**C**）是不正确的。

（A）用湿毛巾捂着嘴巴和鼻子；（B）弯着身子快速跑到安全地点；（C）躲在床底下等待消防人员救援；（D）马上从最近的消防通道跑到安全地点。

Lc4A3230　运动创伤中，重度擦伤不妥当的处理是（**C**）。

（A）冷敷法；（B）抬高四肢法；（C）热敷法；（D）绷带加压包扎法。

Lc4A3231　出现中暑的症状时，处置不正确的是（**C**）。

（A）多喝水；（B）及时到医院就诊；（C）热敷；（D）不能从事剧烈劳动。

Lc4A3232　安全色中的（**C**）表示提示、安全状态及通行的规定。

（A）黄色；（B）蓝色；（C）绿色；（D）红色。

Lc4A3233 依据《建筑设计防火规范》，我国将生产的火灾危险性分为（**B**）。

（A）4组；（B）5类；（C）7种；（D）3级。

Lc4A3234 用灭火器进行灭火的最佳位置是（**B**）。

（A）下风位置；（B）上风或侧风位置；（C）离起火点10 m以上的位置；（D）离起火点10 m以下的位置。

Lc4A3235 火灾扑灭后，起火单位应（**C**）。

（A）速到现场抢救物资；（B）尽快抢修设施争取复产；（C）予以保护现场；（D）拨打119。

Lc4A3236 备用电动机每（**D**）测定一次绝缘，对周围环境湿度大的电动机，应缩短测定周期，并加强定期试转达（时间不小于**2 h**）。

（A）3天；（B）5天；（C）8天；（D）两周。

Lc4A3237 电动机停用不超过（**D**），且未经检修者，在环境干燥的情况下，送电和启动前可不测绝缘，但发现电动机被淋水、进汽受潮或有怀疑时，则送电或启动前必须测定绝缘电阻。

（A）3天；（B）5天；（C）8天；（D）两周。

Lc32A2238 在氢气设备（**B**）半径内禁止烟火。

（A）4 m；（B）5 m；（C）6 m；（D）7 m。

Lc32A2239 储氢罐周围（**A**）处应设围栏。

（A）10 m；（B）12 m；（C）14 m；（D）16 m。

Lc32A2240 《建筑设计防火规范》规定，消防车道的宽度不应小于（**B**）。

（A）3 m；（B）4 m；（C）5 m；（D）2 m。

Lc32A3241 从事生产、经营、储存、运输、使用危险化学品或者处置废弃危险活动的人员，必须接受有关法律、法规、规章和安全知识、专业技术、职业卫生防护救援知识的培训，并经（**C**），方可上岗作业。

（A）培训；（B）教育；（C）考试合格；（D）评议。

Lc32A3242 动火工作票级别一般分为（**B**）。

（A）1 级；（B）2 级；（C）3 级；（D）4 级。

Lc32A3243 在发电厂中氢系统管道用（**C**）表示。

（A）红色；（B）黄色；（C）蓝色；（D）橙色。

Lc32A3244 在制氢站、氢冷设备、储氢罐等处进行检修工作时，应使用（**B**），以防止产生火花。

（A）铁制工具；（B）铜制工具；（C）木制工具；（D）钢制工具。

Lc32A3245 制氢设备着火时，应立即停止运行，并切断电源、排除系统压力，用（**B**）灭火。

（A）清水泡沫灭火器；（B）二氧化碳灭火器；（C）酸碱泡沫灭火器；（D）四氯化碳灭火器。

Lc32A3246 （**A**）是保护人身安全的最后一道防线。

（A）个体防护；（B）隔离；（C）避难；（D）救援。

Lc32A3247 用灭火器灭火时，灭火器的喷射口应该对准火焰的（**C**）。

（A）上部；（B）中部；（C）根部；（D）任何部位。

Lc32A3248 由于行为人的过失引起火灾，造成严重后果的行为，构成（B）。

（A）纵火罪；（B）失火罪；（C）玩忽职守罪；（D）重大责任事故罪。

Je32A3249 阴阳电极离主极板的距离分别为（D）。

（A）12 mm 和 5 mm；（B）13 mm 和 6 mm；（C）14 mm 和 7 mm；（D）15 mm 和 8 mm。

Je32A3250 电解板的不平度不大于 **1 mm** 时，其缺陷只许用（C）消除。

（A）铜锤；（B）铁锤；（C）木槌；（D）不锈钢锤。

Je32A3251 气体置换过程中，应从（A）取样门取样分析后比较，以确定纯度是否合格。

（A）2 个不同地点；（B）3 个不同地点；（C）4 个不同地点；（D）5 个不同地点。

Je32A4252 电机排污应缓慢地打开排污门和补氢门，在排污过程中应维持（D）没有较大的变化。

（A）油压；（B）风压；（C）水压；（D）氢压。

Jf5A2253 冬季开启冻住的氢系统阀门时，可以用（A）。

（A）蒸汽化冻；（B）电焊化冻；（C）气焊化冻；（D）远红外加热化冻。

4.1.2　判断题

判断下列描述是否正确，对的在括号内打"√"，错的在括号内打"×"。

La5B1001　氢气是无色、无味、无毒的可燃性气体。（√）

La5B1002　摩尔与摩尔数的概念是相同的。（×）

La5B1003　晶闸管一旦导通，它的作用就和二极管一样。（√）

La5B1004　设备上所使用的弹簧压力表指示的是绝对压力。（×）

La5B1005　压力表计读数为零，就表示被测的压力等于大气压。（√）

La5B1006　电流表与压力表的原理是一样的。（√）

La5B1007　电流的大小、方向都不随时间变化的，称为直流电。（√）

La5B1008　导体在电流通过时所发生的阻力作用，称为导体的电阻。（√）

La5B1009　并联电路的总电流等于各分路电流之和。（√）

La5B1010　串联电路的总电压等于各元件电压之和。（√）

La5B1011　串联电路中电流处处相等。（√）

La5B1012　串联电路的总电阻等于各电阻串联之和。（√）

La5B1013　串联电路中总是电流等于各部分电流之和。（×）

La5B1014　并联电路中总电压等于各分路电压之和。（×）

La5B1015 并联电路中总电阻等于各分路电阻之和。（×）

La5B1016 由于油类物质在高压纯氧中会自燃，所以，对于与氧气相接触的仪表应采取禁油措施。（√）

La5B1017 氢氧槽温都是从电解槽里流出来的含气体的碱液温度。（√）

La5B1018 碱液的循环可增加电解区域电解液的搅拌，以减速少浓差极化电压，降低碱液中的含气度，从而降低小室电压减少能耗。（√）

La5B1019 凡是和氢气、氧气接触的管道、阀门都要用四氯化碳清洗以去除油污。（√）

La5B1020 制氢间必须设置如二氧化碳、沙子、石棉布等防火器材。（√）

La5B1021 制氢间内必须备有 2%～3% 的硼酸溶液，以防万一设备漏碱，碱液喷溅到脸上或身上时及时清洗。（√）

La5B1022 配制碱液时，要戴上橡胶手套。（√）

La5B1023 照明电路开关应装在地线上。（×）

La5B1024 电阻与电导的关系为正比关系。（×）

La5B1025 氢是所有元素中最轻的元素，它主要以离子态存在。（×）

La5B2026 氢气的着火点能量很小，化学纤维织物摩擦所产生的静电能量，不容易使氢气着火。（×）

La5B2027 纯净的氢气，不但能燃烧，还会引起爆炸。（×）

La5B2028 电流的大小、方向都不随时间变化的，称为直流电。（√）

La4B2029 交流电就是大小随时间有规律的变化的电压或电流。（×）

La4B2030 水中溶解气体量越小，水面上气体分压力就越大。（×）

La4B2031 电压测量不分交、直流。（×）

La4B2032 在电路中将若干个电阻首尾依次连接起来叫做电阻的并联。（×）

La4B3033 当电流一定时，直流电压随电解液温度变化：温度高时电压低，温度低时电压高。（√）

La4B3034 电功率是指单位时间内电流所做的功。（√）

La4B3035 电流（或电压）的大小随时间按正弦规律变化的，叫正弦交流电。（√）

La4B3036 将交流电变换成直流电的过程叫整流。（√）

La4B3037 氢气纯度下降后，空气密度增大，混合气体的密度也随之增大。（√）

La4B3038 在接触氢气的环境中，应采取措施尽量减少和防止静电的积聚。（√）

La4B3039 导体的电阻与导体的截面积成正比，与导体的长度成反比。（×）

La4B3040 由于氢气不能助燃，所以发电机绕组没击穿时着火危险性很小。（√）

La4B3041 发电机引入的压缩空气可以是仪表用气（控制气），也可以是杂用气（普通压缩气）。（×）

La4B3042 氢冷发电机密封油进油温度一般要求不低于35℃，过低时，黏度增加，进油量减少，会影响密封和冷却。（√）

La4B3043 用水作为冷却介质存在两个缺点：容易腐蚀铜线和可能漏水。（√）

La4B3044 氢冷发电机机内氢压下降到与大气压力大致相同时，也不可能有空气漏进去。（×）

La4B3045 某电阻元件电压提高1倍，其功率是原来的2倍。（×）

La4B3046 晶闸管整流电路中，直流输出电压的大小是通过控制可控硅的导通时间来控制。（√）

La4B3047 在晶闸管整流装置中,自动稳定调整回路常采用直流互感器作为反馈元件。(√)

La4B3048 氢冷发电机内充满氢气时,密封油压应小于氢压。(×)

La4B3049 制氢机首次开机或停机较长时间后再开机,一般要求先冲氮,目的是排除系统内空气。(√)

La4B3050 二氧化碳总储存量,应根据置换一台最大机组所需量的 3 倍来计算。(√)

La4B3051 水电解制氢过程中,"氢中氧"表指示应小于0.2%才合格。(√)

La4B3052 水电解制氢装置的槽温、槽压、差压调节是通过电流信号来实现的。(×)

La4B3053 氢冷发电机的轴封必须严密,当机内充满氢气时,密封油不准中断。(√)

La4B3054 氢冷发电机检修前,必须进行冷却介质置换。(√)

La4B3055 制氢设备运行过程中槽温过高的主要原因是电解液浓度低。(×)

La4B3056 氢罐安全阀起座和回座压力的整定值均以《压力容器安全监察规程》的规定为准。(√)

La4B3057 电解槽产生的氢气纯度略高于氧气纯度,氢气中的主要杂质是氧气和水蒸气。(√)

La4B3058 槽压信号的取出点是在氧综合塔下部液侧。(×)

La4B3059 氢气在发电机内湿度往往会增大,其水分的主要来源是发电机轴封密封系统透平油中的水分渗入。(√)

La4B3060 触电人心脏跳动停止时采用胸外心脏按压的方法进行抢救。(√)

La4B3061 氢站在线氢中氧气体分析仪中装有硅胶,正常未吸潮时的颜色应为红色。(×)

La4B3062 制氢内必须进行动火作业时，一定要使用动火工作票。（√）

La4B3063 为防止可能有爆炸性气体，在制氢设备上敲打时，必须作用铝质工具。（×）

La4B3064 储氢罐应装设压力表、安全阀，并每年校验一次，确保其准确性。（√）

La4B3065 气体置换过程中，应从 2 个不同地点取样门取样分析后比较，以确定纯度是否合格。（√）

La32B4066 电离常数的数值不随电解质浓度的变化而变化，仅与电解质的本性和温度有关。（√）

La32B4067 晶闸管导通后，通过晶闸管电流的大小取决于控制极电流的大小。（×）

La32B4068 气体方程对理想气体和真实气体均适用。（×）

La32B4069 交流电流过电感元件时，电感元件对交流电流的限制能力叫感抗。（√）

La32B4070 交流电流过电容元件时，电容元件对交流电流的限制能力叫容抗。（√）

La32B4071 正弦交流电的三要素是指交流电的幅值、频率、初相位。（√）

La32B4072 大修期间，堵塞氢母管用的死垫可用圆规划刀截取。另外，在死垫后再加一金属垫，加强强度。（×）

Lb5B1073 在封闭或局部封闭状态下的氢—空气和氢—氧混合物的爆燃可能引起爆轰，而敞开状态则一般不可能。（√）

Lb5B1074 氢冷发电机与空冷发电机一样，机内安装了专门的灭火装置。（√）

Lb5B1075 氢气虽然能自燃，但不能助燃，所以氢冷发电机与空冷发电机不同，机内没有安装专门的灭火装置。（×）

Lb5B1076 氢冷发电机的冷却介质，由氢气换成空气，或

由空气换成氢气的操作，应按专门的置换规程进行。（√）

Lb5B1077 要严格控制氢气湿度，防止机内结露。（√）

Lb5B1078 二氧化碳是中间介质，电解槽启动前也可以用二氧化碳驱赶空气。（×）

Lb5B1079 电解槽阳极产生氧气，阴极产生氢气。（√）

Lb5B1080 水电解时，产生的氧气是氢气的两倍体积。（×）

Lb5B1081 冬季开启冻住的氢系统阀门时，可以用远红外线加热化冻。（×）

Lb5B1082 防雷保护装置的接地，称为防雷接地。（√）

Lb5B1083 当温度升高时，半导体的电阻将减小。（√）

Lb5B1084 低压验电笔一般适用于交、直流电压在 500V 以下。（√）

Lb5B1085 常用的氢系统的冷凝干燥法有两种，一种用于制氢系统干燥法；另一种用于专门发电机内氢气干燥法。（√）

Lb5B1086 发电机的补氢管道必须直接从储氢罐引出，不得与电解槽引出的管路连接。（√）

Lb5B1087 水内冷发电机水质不合格时会引起导电率增加，管道结垢。（√）

Lb5B2088 氢（氧）综合塔也能冷却运行着的电解液。（√）

Lb5B2089 发电机内充有氢气，且发电机转子在静止状态时，可不供密封油。（×）

Lb5B2090 电解槽阴阳两极之间采用特制的石棉作隔膜是为了防止氢氧混合。（√）

Lb5B2091 电解槽的极板组由主极板、阳极板和阴极板组成。（√）

Lb5B2092 每个电解小室中产生的氢、氧量和电流密度与电极面积大小有关。（√）

Lb5B2093 电源电压正常，而测量极板组间隔电压差别却

较大，主要是电解池内太脏所致。（√）

Lb5B2094 电解槽采用的是交流电源。（×）

Lb5B2095 电解槽总电压等于各电解小室电压之和。（√）

Lb5B2096 氢综合塔出口的氢气，经蛇形管冷却后，温度应控制在 30 ℃以下，比室温略高。（√）

Lb5B2097 对氧气的品质在工艺中没有要求，是为了避免其携带碱液，致使电解液过多的消耗。（√）

Lb5B2098 水电解制氢、氧过程中，电解产生的氧气和氢气体积相等。（×）

Lb5B2099 电解制氢设备所用的水是通过氧综合塔补入的。（×）

Lb5B2100 在电解槽内要维持氢侧与氧侧压力平衡。（×）

Lb5B2101 氢气采用内冷的方式比外冷效果明显。（√）

Lb5B2102 氢气采用内冷和外冷时效果相同。（×）

Lb5B2103 发电机大修前排氢后，必须用中间气体进行置换以排尽氢气。（√）

Lb5B2104 发电机大修前可以敞开排氢门（3 天或更多）进行自然排放，不用中间气体置换也可以。（×）

Lb5B2105 有在线氢气纯度仪表时可以凭经验简化或省去化验监督。（×）

Lb5B2106 二氧化碳是氢冷发电机在充氢和排氢时，作中间置换用的一种必备介质。（√）

Lb5B2107 在试压检漏、空冷试运行、停机检修时，需向发电机内引入干燥后的压缩空气，以免水分进入机内。（√）

Lb5B2108 氢侧回油温度过高时，油蒸气会大量地渗入到机内，不但影响机内氢气纯度，还会造成机内线棒脏污，影响绝缘。（√）

Lb5B2109 氢、氧综合塔内的电解液液位，在正常运行时

应该是氢略高于氧。（√）

Lb5B2110　禁止用两只手分别接触电解槽的两个不同电极。（√）

Lb5B2111　劳动保护是保护劳动者在劳动过程中的安全和健康而进行的管理。（√）

Lb5B2112　整流柜的作用是为电解制氢装置提供直流电源。（√）

Lb5B2113　电解槽的电源采用直流电。（√）

Lb5B2114　电缆应沿地沟敷设，电缆地沟与管路地沟应分别设置，沟沿应高出地面5cm。（√）

Lb5B2115　制氢系统补充的水是生水。（×）

Lb5B2116　水电解制氢装置的槽温、槽压、差压调节是通过电流信号来进行的。（×）

Lb5B2117　氢气干燥装置在再生过程中用的再生气是二氧化碳。（×）

Lb5B2118　氢冷发电机检修前，必须进行冷却介质置换。（√）

Lb5B2119　制氢设备运行过程中，槽温过高的主要原因是冷却水量不足。（√）

Lb5B2120　电解槽产生的氢气纯度略高于氧气纯度，氢气中的主要杂质是氧气和水蒸气。（√）

Lb5B2121　电解液的测温点接在电解槽出口。（×）

Lb5B2122　制氢站内必须进行动火作业时，经有关领导批准即右进行。（×）

Lb5B2123　发电机密封油系统中的油氢自动跟踪调节装置是在氢压变化时自动调节密封油压的。（√）

Lb5B2124　氢冷发电机的冷却介质由氢气置换成空气，或由空气置换成为氢气操作，应按专门的置换规程进行。（√）

Lb5B2125　对违反《电业安全工作规程》者，应认真分析，分别情况，加强教育。（×）

Lb4B2126 凡是能导电的碱性药品，都能作水电解质。（×）

Lb4B2127 用万用电表测定电解槽小室电压时，应先了解被测电压的大致范围，如果不清楚其范围，则应选用电压档大的测定档次。（√）

Lb4B2128 在氢冷发电机检修前，必须进行冷却介质置换，置换顺序为氢气→空气→二氧化碳。（×）

Lb4B2129 禁止用两只手分别接触电解槽的两个不同电极。（√）

Lb4B2130 得到总工程师批准解除保护的机组可以长期运行。（×）

Lb4B3131 发电机的补氢管道必须直接从储氢罐引出，不得与电解槽引出的管路连接。（√）

Lb4B3132 电解时，电解池内的阴极发生还原反应，阳极发生氧化反应。（√）

Lb4B3133 冬季开启冻住的氢系统阀门时，可以用电焊化冻。（×）

Lb4B3134 氢冷发电机在由运行转为检修后投入运行的过程中，必须使用中间气体进行置换，避免空气和氢气相互接触。（√）

Lb4B3135 氢、油压差不得过大。氢、油压差过大，一是使氢气接触的油量增多，油中所含的气体水蒸气混入氢气中，造成氢气纯度下降，湿度增加；二是易引起发电机端部进油，污秽端部绝缘降低绝缘水平。（√）

Lb4B3136 氢、油压差不得过小。氢、油压差过小，易使轴承周围的油层发生断续现象，氢气会穿过中断处进入汽轮机润滑油系统，进入回油管和主油箱内，在回油管和油箱中形成有爆炸危险的混合气体。（√）

Lb4B3137 氢综合塔差压信号还用做控制补水泵的启停。（√）

Lb4B4138 电解液中加五氧化二矾的目的是加速电解,提高产氢量。(×)

Lb4B4139 为防止电解槽极板腐蚀,极板两面均应镀镍。(×)

Lb4B4140 最低入口风温降低后,机内氢气湿度的标准也应降低。(√)

Lb4B4141 在标准状态下,水电解生成 $1m^3$ 氢气及 $0.5m^3$ 氧气,理论上需要 840g 水。(√)

Lb4B4142 电解槽各级电压之和应等于电解槽总电压。(√)

Lb4B4143 电解槽的总电流等于各级电流之和。(×)

Lb4B4144 在氢气系统上经常开关的阀门位置,加装一个阀门和原来的阀门一起并联使用,能大大减少漏气的可能性。(×)

Lb4B4145 所谓电解液就是电解氢气和氧气的原料,其中水参与电解分解。(×)

Lb4B4146 发电机内充氢气时,主油箱上的排油烟机应停止运行。(×)

Lb4B4147 在正常生产时,一般使电解槽温度保持稳定,然后调节直流电压,从而改变直流电流来控制氢气的产量。(√)

Lb4B4148 制氢站动用明火,须经厂主管生产领导(总工程师)批准。(√)

Lb4B4149 在金属容器内,应使用36V以下的电气工器具。(×)

Lb4B5150 氢气从综合塔出来后,湿度很大,处于饱和状态。(√)

Lb4B5151 碱液循环泵可以用屏蔽式磁力泵,也可以用一般的离心泵。(×)

Lb4B5152 屏蔽式磁力泵,它的输送介质与驱动轴是完全

隔离的，既漏不出介质，环境干净无腐蚀，又不易吸入空气，保证安全。（√）

Lb4B5153　新投运水电解制氢设备上的碱液过滤器堵塞主要是由石棉布隔膜纤维脱落造成的。（√）

Lb4B5154　补水泵采用柱塞泵，也可以输送碱液。（×）

Lb4B5155　氢综合塔有4个作用，即分离、洗涤、冷却和补水。（√）

Lb4B5156　氢综合塔只起分离作用，冷却在下一个工序实现。（×）

Lb4B5157　当氢综合塔液位低于调节范围下限100mm时，启动补水泵补水，高于调节范围上限200mm时，停止补水。（√）

Lb4B5158　氢气湿度高是影响发电机绝缘的主要因素。（√）

Lb4B5159　露点就是空气中水蒸气刚好饱和时的温度。（√）

Lb4B5160　在氢冷发电机周围明火工作时，只办理热力工作票手续。（×）

Lb4B5161　大型氢冷发电机要严格控制机内氢气湿度，防止机内结露。（√）

Lb32B2162　氢冷发电机组检修后，要做密封性试验，漏氢量应符合发电机运行规程要求。（√）

Lb32B2163　发电机的补氢管道可以直接从储氢罐引出，也可以与电解槽引出的管路相连。（×）

Lb32B2164　补氢和充氢一样，也要用中间气体。（×）

Lb32B2165　液体管路沿地沟敷设，气体管路架空敷设，各管路连接应尽量缩短距离减少弯曲。（√）

Lb32B2166　整流柜的作用是将直流电逆变成交流电。（×）

Lb32B2167　氢冷发电机组检修后，要做气密性试验，漏

氢量应符合发电机运行规程要求。（√）

Lb32B2168 室内着火时应立即开窗以降低室内温度进行灭火。（×）

Lb32B2169 氢冷发电机气体置换的中间介质只能用 CO_2。（×）

Lb32B3170 《发电机运行规程》规定的 $15g/m^3$ 的绝对湿度和 85%相对湿度应与入口风温不低于 20 ℃相对应，否则就失去意义。（√）

Lb32B3171 检查氢冷系统有无泄漏应使用仪器或肥皂水，严禁使用明火查漏。（√）

Lb32B3172 由于氢气不助燃，当发电机氢气中含氧量不大于 2%时，就可防止电机着火引起爆炸。（√）

Lb32B3173 电解液的导电率与温度成正比，随着电解液温度的升高电导率显著提高。（√）

Lb32B3174 在电解时，在电极上析出的物质数量与通过溶液的电流强度和通电时间成反比。（×）

Lb32B3175 最低入口风温降低后，机内氢气湿度仍按 $15g/m^3$ 监视。（×）

Lb32B3176 电解槽两极的距离增大，其电解电压也按比例增加。（√）

Lb32B3177 当密封油系统充油、调试及投运正常后，方可向发电机内充入气体。（√）

Lb32B3178 密封油系统中,排烟风机的作用是排出油烟。（×）

Lb32B3179 正常运行中，氢侧密封油泵可短时停用进行消缺。（√）

Lb32B3180 氢冷发电机气体置换的中间介质只能用二氧化碳。（×）

Lb32B3181 发电机定子冷却水压力任何情况下都不能高于发电机内气体的压力。（×）

Lb32B3182 受直流电"正负"极的支配，极板组无论怎样安装都有一个正电极和负电极存在，所以电解槽组装后都能产生氢气和氧气。（×）

Lb32B3183 安全门是保证制氢高压设备安全的，因此必须用水压试验法校正。（×）

Lb32B3184 在正常生产时，一般应使电解槽温度保持稳定，然后调节直流电压，从而改变直流电流来控制氢气的产量。（√）

Lb32B3185 漏氢量表示泄漏到发电机充氢容积外的氢气量。（√）

Lb32B3186 漏氢率表示泄漏到发电机充氢容积外的氢气量与发电机原有总氢量之比。（√）

Lb32B3187 由于运行不稳定，补水不及时，氢、氧气的压力差增大或其他原因，使隔膜外露时，氢、氧气体将通过隔膜互相渗漏，就会使气体纯度下降。（√）

Lb32B3188 氢冷发电机的轴封必须严密，当机内充满氢气时，轴封油不准中断，油压应大于氢压，以防空气进入发电机内壳或氢气充满汽轮机的油系统引起爆炸。（√）

Lb32B3189 极板组的不平度大于 1mm 时，应用木槌校正合格。（√）

Lb32B3190 氢设备附近的电接点压力表应采用防爆表计。若非防爆表，应装在空气流通的地方。（√）

Lb32B3191 电解槽排碱前，应严格检查电解槽碱液箱之间的各阀门及碱液箱情况，以防跑碱。（√）

Lb32B3192 如果不保持电解液的正常循环，就会使阴阳极之间浓差增大，降低电解效率，并产生浓差电池而腐蚀设备。（√）

Lb32B3193 如果冷却水量不足或中断，就会使电解槽温度超过额定温度。（√）

Lb32B3194 压力调整氧侧针型阀漏，运行中将破坏氢、

氧两侧调整器，水位不能保持平衡，氢气侧水位低，氧气侧水位高。（√）

Lb32B3195 绝缘套管、绝缘子上沾有碱结晶，就会造成电解槽绝缘不良。（√）

Lb32B3196 氢气储气罐压力试验采用水压试验。试验时应拆下安全门，并把管口封死。（√）

Lb32B3197 石棉橡胶垫上碱结晶，潮湿后留在绝缘子上，就会造成电解槽绝缘不良。（√）

Lb32B3198 压力调整氧侧针型阀漏，会使氢气侧水位压入氧气侧调整器，致使氧气调节器向外渗水。（√）

Lb32B3199 电解槽系统压力超过凝结水系统压力，会使给水箱补不进水。（√）

Lb32B3200 凝结水管至制氢室管道腐蚀、泄漏，会使给水箱补不进水。（√）

Lb32B3201 电解槽碱液液位低，极板露出液面，将会使电解槽氢气纯度不合格。（√）

Lb32B3202 电解液浓度太低，会造成电解槽氢气纯度不合格。（√）

Lb32B3203 如储氢罐内有水，尤其是夏天室外温度高，水部分蒸发，会增加氢气湿度。（√）

Lb32B3204 进给水箱的阀门滑丝，不能打开，会使给水箱补不进水。（√）

Lb32B3205 压力调整氧侧针型阀漏，将造成电解室两个间隔压差增大，石棉布推向氧气侧，降低了阻隔气体的效果，诱发事故。（√）

Lb32B3206 运行不稳定补水不及时，氢、氧气的压力差增大或其他原因使隔膜外露时，氢、氧气体将通过隔膜互相渗漏，会使氢气纯度下降。（√）

Lb32B3207 电解槽由于碱循环量不均，会引起槽体温度变化造成局部过早漏碱。（√）

Lb32B3208 由于密封油与氢气接触，因此运行中部分密封油会带入氢气系统中。（×）

Lb32B3209 分子筛的吸附速度比硅胶慢，但比硅胶吸附范围广。（×）

Lb32B4210 油氢自动跟踪调节装置是在氢压变化时自动调节密封油压的。（√）

Lb32B4211 氢冷发电机在定子和转子绕组允许温升范围内，提高氢压运行可以提高效率。（√）

Lb32B4212 DQ–32/5 型制氢系统的氢气分离与洗涤是在同一容器内进行的。（√）

Lb32B4213 水电解产生的氢与氧体积不等，只有自动调节氢与氧的出口阀门，才能保持氢侧与氧侧压力的平衡。（√）

Lb32B4214 氧综合塔的压力比较平稳，所以槽压信号的取出点在氧综合塔上部气侧。（√）

Lb32B4215 氢、氧综合塔的差压信号除可平衡调节氢、氧液位外，其中氧综合塔的差压信号还用于控制补水泵的启停。（×）

Lb32B4216 发电机充氢时，密封油系统必须连续运行，并保持密封油压与氢压的差值，排烟风机也必须连续运行。（√）

Lb32B4217 发电机不允许在定子不通内冷水的情况下带负荷运行。（√）

Lb32B5218 在水蒸气低分压下相对湿度较小时，分子筛吸水性比硅胶强。（√）

Lb32B5219 在温度较高，硅胶不能吸附时，分子筛也不能吸附。（×）

Lb32B5220 环境温度的变化会使空气中的湿度变化，温度高，气体中湿度减少，反之则会增加。（×）

Lb32B5221 氢冷发电机的漏风试验一般都不用氢气进行，而是用干燥的压缩空气进行。（√）

Lb32B5222 查漏主要在大修中进行，测漏主要在大修后

运行中进行。（√）

Lb32B5223 氢冷发电机的压缩空气管道应有活动接头，当发电机以氢冷方式运行时，该接头应断开。（√）

Lb32B5224 氢冷发电机必须接好固定的压缩空气管，以便机内气体置换时用。（×）

Lb32B5225 发电机氢气的湿度越小越好。（×）

Lb32B5226 氢冷发电机内部一旦充满氢气，密封油系统应正常投入运行。（√）

Lc5B1227 在氢冷发电机周围明火工作时，应办理工作票手续。（×）

Lc5B1228 制氢站内必须进行动火作业时，一定要使用动火工作票。（√）

Lc5B1229 制氢室应经常进行安全保卫、消防检查，及时消除火险隐患。（√）

Lc5B1230 制氢室门口、院内应悬挂"严禁烟火"和"非工作人员禁止入内"警告牌。（√）

Lc5B2231 储氢罐应装设压力表、安全阀，并每年校验一次，以保证其正确性。（√）

Lc5B2232 因工作需要进入氢站的人员必须交出火种，并不得穿化纤服和带铁钉的鞋。（√）

Lc4B2233 氢气爆炸范围广，遇明火或高温极易爆炸。（√）

Lc4B2234 氢冷发电机一旦引起着火和爆炸，应迅速关闭来氢阀门，并用泡沫灭火器和1211灭火器灭火。（×）

Lc4B3235 氢站的水管冻结，应用蒸汽或热水解冻，禁止用火烤。（√）

Lc4B3236 在制氢站、氢冷设备、储氢罐等处进行检修工作，应使用铜制工具，以防止产生火花。（√）

Lc4B3237 带压排放氢气时，应均匀缓慢地开启排放门，严禁剧烈排放，以防摩擦引起燃烧。（√）

Lc4B3238 为了防爆，电解室应关闭门窗与外界隔离。（×）

Lc4B3239 氮气对金属无腐蚀，发电机可以在充氮状况下长期存放。（√）

Lc32B3240 制氢设备着火时，应立即停止运行，切断电源、排除系统压力，用二氧化碳灭火器灭火。（√）

Lc32B3241 制氢站和机组供氢设备应采用防爆型电气设备，并采用木制（铝合金）门窗，门应向外开。（√）

Lc32B3242 露点就是空气中湿度饱和时的湿度。（×）

Lc32B3243 二氧化碳与金属铜接触有腐蚀性，在发电机中停留时间不宜长。（√）

Je4B2244 在发电机进行气体置换时，进气和排气的速度应保持机内压力稳定不变。（√）

Je4B2245 电解槽由于电解液杂质过多，致使槽压升高的解决方法是更换电解液。（×）

Je4B2246 氧综合塔液位波动大的原因是补水不及时。（×）

Je4B2247 制氢设备运行中氢气的纯度下降，主要是由冷却水量不足造成的。（×）

Je32B3248 氢管道可以使用铸铁管件，也可以使用无缝钢管，但管道连接处应尽量用焊接代替丝扣。（×）

Je32B3249 调节氢与氧压力平衡的主要手段是调节氢综合塔与氧综合塔的液位平衡。（√）

Je32B4250 在充氢、排氢操作中，进气速度宜快不宜慢，这样可以达到充、排氢的目的。（×）

Je32B4251 氢、氧综合塔液位波动大的原因是压力调节系统的故障和差压调节系统的故障。（√）

Je32B4252 一般情况下，可用一根母管供氢，另一母管备用。（×）

Je32B4253 一般情况下，采用两根母管同时供氢，而又

互为备用的双管供氢方式。（√）

Jf4B2254 若氢冷发电机临时处于空冷状态，发生故障时，可开启 CO_2 充气阀门，将机内的火熄灭。（√）

Jf4B2255 发生氢气着火后，不要惊慌，应设法切断氢气来源或用 CO_2 使其与空气隔绝，就能熄灭火焰。（√）

4.1.3 简答题

La5C1001 解释大气压力的概念。

答：地球表面大气自重所产生的压力称大气压力。

La5C1002 解释绝对压力的概念。

答：以完全真空作零标准（参考压力）表示的压力。

La5C1003 解释表压力的概念。

答：以大气压力作为零标准（参考压力）表示的压力，当绝对压力大于大气压力时，它等于绝对压力与大气压力之差。

La5C1004 解释负压力的概念。

答：绝对压力低于大气压力时的表压力，它等于大气压力和绝对压力之差。

La5C1005 国际单位制中压力单位是什么？

答：国际单位制中压力单位是帕斯卡，简称"帕"。

La5C1006 解释电流的概念。

答：电荷有规律的定向运动就形成了电流，习惯上规定正电荷的流动方向为电流方向。电流的大小用单位时间内在导体截面上移过的电量多少来度量。电流的单位是安培，简称"安"。

La5C1007 解释电压的概念。

答：电路中任意两点的电位差，称为这两点间的电压，电压的单位是伏特。

La5C1008 氢气为什么容易着火？

答：氢气的着火温度在可燃气体中虽不是最低的，但由于它的着火能仅为 20μJ，比烷烃要低一个数量级以下，所以很容易着火。

La5C1009　国产化学试剂的纯度（规格）分几级？
答：国产化学试剂的纯度分四级：一级为保证试剂（简称 GK）；二级为分析纯（简称 AG）；三级为化学纯（简称 CP）；四级为实验试剂（简称 CL）。

La5C1010　什么叫整流？
答：把交流电转换为直流电的过程叫整流。

La5C1011　什么叫电路图？
答：把组成电路的各种电气，用电气的图形符号和文字符号来表示，并画出电路的图形叫做电路图。

La5C1012　氢气的性质特点怎样？
答：氢气的化学性质活泼，具有传热系数大、冷却效率高、渗透性强、易扩散的特点。

La5C1013　氧气的性质特点怎样？
答：氧气是一种无色无味的气体，它本身不燃烧，但能帮助其他可燃物质发生剧烈燃烧，能参与氧化还原反应。

La5C1014　何谓两性化合物？
答：两性化合物具有酸碱两性，即在碱性溶液中起酸性作用，在酸性溶液中起碱性作用。

La5C1015　写出制氢站气体纯度指标。
答：H_2 纯度不小于 99.5%，O_2 纯度不小于 99.5%，H_2

湿度不大于 5 g/m³，氢站有干燥装置时，H_2 湿度不大于 0.5 g/m³。

La5C1016　写出氢冷发电机内氢气纯度控制指标。

答：以 60 万 kW 机组为例：氢气纯度大于 98%，含氧量小于 1.2%，H_2 湿度小于 10 g/m³。

La5C1017　焦性没食子酸溶液为何要配成碱性？

答：因为焦性没食子酸与氢氧化钾溶液混合后，生成焦性没食子酸钾，它具有强还原性，能使氧气还原。

La5C1018　什么是电击伤？

答：电流通过人体，引起人体内部组织损伤、破坏的一种伤害，叫做电击伤。

La5C1019　什么是电灼伤？

答：电灼伤是指电流不通过人体，引起人体外部组织受到局部损害的一种伤害，如弧光烧伤等。

La5C2020　什么叫电位？

答：电路上某点与零电位之间的电位差，就是这点的电位。

La5C2021　什么叫电功率？

答：单位时间内电流所做的功叫做电功率。

La5C2022　什么叫电阻率？

答：把长度为 1 m、截面积为 1 mm² 的导体所具有的电阻值称为该导体的电阻率。

La5C2023　什么叫电功？

答：电场力对电荷所做的功叫做电功。

La4C2024　解释摩尔和摩尔质量的概念。

答：摩尔是物质的计量单位，规定 1 mol 的物质所包含的结构粒子数与 0.012 kg 碳-12 的原子数数目相等。

摩尔质量是指 1 mol 物质的质量，即 6.02×10^{23} 个结构微粒的总质量。

La4C2025　解释氧化还原反应的概念。

答：氧化还原反应是反应前后，元素的氧化值发生改变的反应。

La4C2026　解释氧化还原反应中氧化剂的概念。

答：在氧化还原反应中获得电子的物质。

La4C2027　解释氧化还原反应中还原剂的概念。

答：在氧化还原反应中失去电子的物质。

La32C2028　解释络合物的概念。

答：一个简单的正离子（或原子）与一定数目的中性分子或负离子，以配位键结合形成络离子或络合分子，这样的化合物就是络化物。

La32C2029　什么是法拉第电解定律？

答：相同的电量通过不同的电解质溶液时，各电极上产生物质的多少与它们的化学当量成正比，当相同的电量通过不同的电解溶液时，电解质产物的摩尔数相等。实验证明：电解 1 mol 任何物质所需的电量均为 96 487 C，称 1 F。

La32C2030 晶闸管由导通变为截止需要什么条件？

答：晶闸管阳极电流小于某一数值时，可控硅就关断了。使可控硅导通的最小电流叫可控硅的维持电流。可控硅的阳极电流必须小于维持电流，可控硅才能截止。

La32C3031 何谓导热系数？

答：导热系数是表明材料导热能力大小的一个物理量。

La32C3032 晶闸管为什么一般不用普通熔断器进行过流保护？

答：普通熔断器熔断时间较长，可能在晶闸管烧坏之后熔断器还未熔断，这样就起不了保护作用，因此必须用专用于保护晶闸管元件的快速熔断器，在同样过电流倍数之下，它可以在晶闸管损坏之前熔断，从而达到保护晶闸管的目的。

La32C3033 中间介质的质量标准。

答：（1）用二氧化碳作为中间介质时，气体纯度按容积计不得低于 98%；水分的含量按质量计不得大于 0.1%。

（2）用氮气作为中间介质时，氮气的纯度按容积计不得低于 97.5%，水分的含量按质量计不得大于 0.1%。

（3）中间介质不得含有带腐蚀性的杂质。

La32C3034 简答氢冷发电机氢气置换必须用中间气体的原因。

答：氢气和空气的混合物是一种危险的气体，在有火种或高温情况下易发生爆炸，严重时会造成人身伤亡或设备损坏等恶性事故。因此，氢冷发电机在由运行转为检修后投入运行的过程中，必须使用中间气体进行置换，避免空气和氢气相互接触。

La32C3035　为什么选择氢氧化钠、氢氧化钾作为电解质？

答：氢氧化钠、氢氧化钾的导电率较好，对钢或镀镍电极的稳定性好，对电解槽的腐蚀性小。而其他大多数盐类在电解时，常因被分解而不能使用，因此不宜采用。目前一般采用氢氧化钾或氢氧化钠碱溶液作为水电解制氢的电解质。

Lb5C1036　简答发电机的工作原理。

答：发电机的工作原理是根据电磁感应原理，将机械能转换为电能。

Lb5C1037　发电机铭牌上的主要额定数据代表什么意义？

答：（1）额定电压。长期安全工作的允许电压。

（2）额定电流。正常连续工作的允许电流。

（3）额定容量。长期安全运行的最大允许输出功率。

（4）额定温升。发电机绕组最高温度与环境温度之差。

Lb5C1038　发电机运行时为什么会发热？

答：发电机运行中产生能量损耗变成热能使机器的温度升高。

Lb5C1039　发电机运行时，内部有哪些损耗？

答：有铜损、铁损、机械损耗以及附加损耗等。

Lb5C1040　何谓氢气混合气体的爆炸区？

答：当氢气和某些气体达到一定的混合比例范围内，就成为爆炸性气体，遇有火花即引起爆炸。

Lb5C1041　使用弹簧管式压力表对量程的选择有何要求？

答：不能长期在上限压力下工作，以免缩短使用寿命，但也不能过低，否则会造成测量误差加大，通常把常用压力选在压力表上限量程的 1/3～2/3 处。

Lb5C1042　DQ 型电解槽的主要组成部件有哪些？

答：主要组成部件有氢、氧端极板，极板组，隔膜框及拉紧螺栓等。

Lb5C1043　制氢设备运行过程中主要分析哪些指标？

答：主要分析氢气、氧气纯度和氢气湿度。

Lb5C1044　电解系统由哪几部分组成？

答：由氢侧系统、氧侧系统、补给水系统和碱液系统 4 部分组成。

Lb5C2045　氢冷发电机在运行过程中应注意哪些问题？

答：氢冷发电机的轴封必须严密，当机内充满氢气时，轴封油不准中断，油压应大于氢压，以防空气进入发电机内壳或氢气充满汽轮机的油系统中而引起爆炸。主油箱上的排烟机应保持经常运行，如排烟机出现故障，应采取措施，使油箱内不积聚氢气。

Lb5C2046　密封瓦的形式有几种？

答：密封瓦形式有 3 种，分别为单环式、双环式和盘式。

Lb5C2047　密封瓦起什么作用？

答：为了防止氢气向外泄漏，在发电机两端设有密封瓦，使发电机端盖与转子间具有良好的严密性。

Lb5C2048　制氢机首次开机或停机较长时间后再开机冲氮的压力是多少？冲氮的目的是什么？

答：冲氮压力在 0.3～0.4　MPa，冲氮目的是排除系统内的空气。

Lb5C2049　什么叫气体置换？

答：利用中间气体，来排除发电机内氢气或空气，最后再用氢气或空气排除中间气体的作业叫气体置换。

Lb5C2050　什么叫电解？

答：利用直流电来分解物质的过程叫电解。

Lb5C2051　什么叫电解池？

答：利用电能使某电解质溶液分解为其他物质的单元装置，称做电解池。

Lb5C2052　什么是电解质溶液理论分解电压？

答：电解槽外加电压的值等于其电解产物所构成原电池的反电动势时，称此为电解质溶液的理论分解电压。

Lb5C2053　气体冷却器的作用是什么？

答：氢气经过冷却器进行降温，除去氢气中水分，降低湿度。

Lb5C2054　气体分离器的作用是什么？

答：气体分离器的作用是电解槽产生的氢气和氧气中夹带着大量电解液，用冷却方式和扩容使其分离冷却后返回电解槽构成闭式循环。

Lb5C2055　气体洗涤器的作用是什么？

答：电解槽内产生的气体经分离器以后分为氢气和氧气，仍带有微量的电解液，故必须再经过气体洗涤器进一步除去气体夹带的电解液，并把气体冷却到常温。

Lb5C2056　制氢系统由哪几部分组成？

答：制氢系统由 7 部分组成，分别为电解槽、气体分离器、气体洗涤器、压力调整器、给水箱、冷却器和储氢罐。

Lb5C3057　如何用晶闸管实现可控整流？

答：整流电路中，在晶闸管承受正向电压的时间内，改变触发脉冲的输入时刻，即改变控制角的大小，在负荷上可得到不同数值的直流电压，因而控制了输出电压的大小。

Lb5C3058　氢气干燥器一般有哪两种类型？

答：一种是利用工作氢气连续再生的分子筛吸除式氢气干燥器；另一种是利用制冷技术，使湿氢中的水分在-10 ℃以下冷冻成冰霜排除，从而达到干燥目的的冷凝式干燥器。

Lb5C3059　氧气为什么不能接触油脂？

答：氧气浓度越高，接触油指时的氧化反应越烈，越易产生燃烧，在常压氧设备或氧气管道中，易产生氧化燃烧引起爆炸。

Lb5C3060　按照漏氢部位来分，氢冷发电机漏氢有哪几种表现形式？

答：按照漏氢部位来分，氢冷发电机漏氢有两种表现形式，分别为外漏氢与内漏氢。

Lb5C3061　对电解质的一般选择要求是什么？

答：电解水时，电解质的选择是很重要的，既要考虑其水溶液的电导率、稳定性、腐蚀性，又要考虑到其经济性等综合因素。因此，一般要求有如下几点：

（1）离子传导性能高。

（2）在电解电压下不分解。

（3）在综合条件下不因挥发而与氢、氧一并逸出。

（4）在操作条件下对电解池的有关材料无强的腐蚀。

（5）溶液的 pH 值变化时，具有阻止其变化的缓冲性。

Lb5C3062　电解槽有哪些部件和作用？

答：（1）电解槽由端极板、中间隔板组成。极板由 3 片钢板组成，中间隔板起分离电解室的作用，一侧为阴极，一侧为阳极，电解槽两端的极板称端极板。端极板除起到引入电流作用外，也起紧固整个电解槽的作用。

（2）隔膜框是构成各电解室的主要部分，每一个隔膜构成一个电解室，隔膜框中间又以石棉布分隔，以防氢、氧气体混合。

（3）绝缘材料、隔膜框与极板之间垫的是能耐碱、耐温和耐压的绝缘材料，使隔膜框不带电，并起到密封作用，防止电解液外溢。

Lb5C3063　平衡水箱的作用是什么？

答：平衡水箱又叫给水箱。氢气由上部进入，并将其管道引入水面下 100 mm，以使氢气进一步得到清洗净化。给水从平衡箱下部进入，另一路管道与补充水系统连通，利用给水箱的高度和水的自重力向洗涤器补水，电解消耗水后给水箱将自动补入。平衡给水箱还起到对氢气的缓冲作用，使压力变得均匀，又称缓冲水箱。

Lb5C3064　在什么条件下，方可向发电机内充入气体？

答：当密封油系统充油，调试正常并投入密封油系统运行，密封油压正常后，方可向发电机内充入气体。

Lb5C3065 氢气储气罐压力试验采用何种方式,试验时应注意什么?

答:氢气储气罐压力试验采用水压试验。试验时应拆下安全门,并把管口封死。

Lb5C3066 如何防止电解槽爆鸣现象发生?

答:要保持槽内清洁,避免在送电时发生火花,并保持电解槽高度密封,使停运的电解槽内空气不能吸入,同时,开车前要坚持用氮气吹扫。

Lb5C3067 如何保证真空箱的真空度及油温在规定的范围内?

答:可用真空泵的再循环门调整油喷嘴前的压力来改变真空度。可用密封油冷油管道通往平衡箱及真空箱的油门进行降温。

Lb5C3068 发电机冷却介质切换为什么要用中间气体?

答:氢气与氧气混合能形成爆炸性气体,遇到明火即能引起爆炸。二氧化碳与氢气混合或二氧化碳与空气混合不会产生爆炸性气体,所以发电机冷却介质的切换首先向发电机内充二氧化碳赶去空气或氢气,避开空气和氢气接触而产生爆炸性气体。

Lb5C3069 挡火器和水封的主要作用是什么?

答:挡火器和水封是为了制氢站的安全而设置的,挡火器内充满砂料,着火时挡住氢气进入设备内部;水封设在氧气侧系统中,水封主要利用恒定的水位来阻隔火焰向氢气系统蔓延。

Lb5C3070 电解液中加入少量的五氧化二矾的目的是什

么？

答：五氧化二矾是一种强氧化剂，在碱性溶液中可对铁、镍金属材料产生缓蚀作用，从而使电解过程稳定，使电解槽的腐蚀减弱，它能在阴极表面生成三氧化铬保护膜，从而保护了阴极。

Lb5C3071　水电解制氢装置采用自动控制的目的是什么？

答：水电解装置的自动控制，不仅是为了改善劳动条件，更重要的是通过自动控制，使装置运行在制氢生产所需的理想条件下，节约能源，延长槽体寿命，降低制氢成本，取得良好的经济效果。

Lb5C3072　为什么规定电解槽温度不能超过 90 ℃？

答：温度高必然引起电解槽的材料腐蚀，温度超过 90 ℃时，用石棉隔膜就不能耐碱液腐蚀，石棉中的硅物质会变为可溶性硅酸盐。

Lb5C3073　在哪些情况下必须保证氢冷发电机密封油的供给？

答：氢冷发电机在以下 4 种情况下必须保证密封油的供给：

（1）发电机内充有氢气时，不论运行还是静止状态。

（2）发电机内充有二氧化碳和排氢时。

（3）发电机气密封试验时。

（4）机组在盘车时。

Lb4C2074　汽轮机盘车状态时,对氢冷发电机的密封油系统运行有何要求,为什么？

答：氢冷发电机的密封油系统在盘车或停止转动而内部又充压时，都应保持正常的运行方式。因为密封油与润滑油系统相通，含氢的密封油有可能从连接的管路进入主油箱，油中的氢气将在主油箱中被分离出来。氢气如果在主油箱中积聚，就有氢气爆炸和主油箱着火的危险，所以主油箱使用的排烟风机必须保持连续运行。

Lb4C2075　氢冷发电机密封瓦的作用是什么？

答：为防止发电机内部的氢气外漏，在发电机两端轴与静止部分之间设置密封瓦，中间通以连续不断的比氢气压力高的压力油流，阻止氢气外漏。

Lb4C2076　氢冷发电机的工作原理是什么？

答：氢冷发电机的工作原理是：用一定数量的氢气在发电机密封冷却系统中循环，吸收发电机转子和定子的热量，然后用冷却水冷却氢气，冷却后的氢气又重新回到发电机中，如此不断循环。

Lb4C2077　简答发电机水氢氢冷却的概念。

答：发电机采用水氢氢冷却方式，即定子绕组水内冷，转子绕组氢内冷（槽部为气隙，取气斜流通风方式，端部为两路通风方式），铁芯及端部结构件氢外冷。

Lb4C3078　氢冷发电机的主要结构特点是由什么决定的，包括哪些部分？

答：氢冷发电机的结构特点是由供氢、密封氢和防止氢气爆炸等因素决定的，它有一套充氢及置换冷却介质用的管路系统，还有一套监视、测量、调节装置和较复杂的密封油系统。

Lb4C3079　电解槽内爆鸣必须具有哪两个条件？

答：一是槽内有爆鸣气体存在；二是槽内有打火的因素。

Lb4C3080 氢冷发电机氢系统的真空箱内真空度降低有何危害？

答：当真空度降低时，很可能使密封油中带有空气并进入发电机内，使发电机氢气纯度降低，增加发电机排污量。

Lb4C3081 密封瓦常见的缺陷有哪些？

答：常见的缺陷有：漏氢、密封瓦温度高、密封瓦漏油以及氢气纯度不合格等。

Lb4C3082 发电机使用备用油作密封油时有什么危害？

答：一般发电机密封油是经过真空处理过的，发电机内的氢气纯度较高，如果使用备用密封油后，由于未经真空处理，会导致发电机内氢纯度降低。

Lb4C3083 氢冷发电机在升速过程中应注意什么？

答：在升速过程中，应注意风（氢）温和风（氢）压以及密封油压的变化并随时调整，保持规定的压差，及时投入风（氢）冷却器的冷却水。

Lb4C3084 盘式密封瓦漏氢的原因有哪些？

答：（1）密封瓦跟踪不好，氢压与油压的压差调节不适当，钨金面与密封盘不同心等。

（2）密封瓦与瓦壳之间的硅胶条处封得不严。

（3）瓦壳对口及法兰结合面严密性不良。

Lb4C3085 密封油系统的作用是什么？

答：在用氢气冷却的发电机里，氢气压力大于大气压力。为了防止氢气外漏，发电机转子两端装有密封瓦。密封油系统是用来供给密封瓦用油的，密封油压稍高于氢气压力以防止氢气外漏。

密封油系统的另一个作用是分离出油中的氢气、空气和水蒸气，起净化油的作用。

Lb4C3086　密封盘漏氢的原因有哪些？

答：（1）密封盘或钨金面磨损，密封面研修不好，密封瓦跟踪不好，氢、油压不对，钨金面封盘不同心等。

（2）密封瓦与瓦壳之间的硅胶处漏氢。

（3）瓦壳对口和瓦壳法兰氢泄漏。

Lb4C4087　电解槽在什么情况下需要解体大修？

答：（1）当电解槽严重漏碱，气体纯度迅速下降，极间电压不正常且清洗无效，石棉橡胶垫部分损坏以及其他必须解体大修方可保证生产时。

（2）满使用周期 5 年。

Lb4C4088　水电解对电极的基本要求是什么？

答：（1）在一定电流密度下，超电压要小。

（2）电极不被腐蚀，使用寿命长。

（3）价格便宜。

Lb4C4089　什么是电阻温度系数？

答：导体的电阻随温度的变化而变化，电阻温度系数为温度每变化 1 ℃电阻值变动的百分数。

Lb4C4090　什么是气体分压定律？

答：某组分气体在混合气体中的分压力，等于当它单独占有与混合气体相同体积时所产生的压力，混合气体的总压力等于各组分压力之和，这个关系即为气体分压定律，也称为道尔顿分压定律。

Lb32C2091　对电解槽的运行及维护有什么要求？

答：（1）氢、氧压力调整器液位始终保持在规定范围内。

（2）经常检查，保持氢、氧两侧的压力平衡。

（3）调节分离器内冷却水量使电解液的温度保持在规定范围内。

（4）每周检查一次电解槽的隔间电压，每次测量最好保持恒定的电解液温度及电流密度，便于比较（正常情况下，各电解池的电压分布是平稳的）。

（5）每 2 h 记录一次氢气纯度，如没有在线分析仪时，则 4 h 进行一次人工分析。

（6）每周检查一次电解液浓度。

（7）定期清洗过滤器，保证槽内电解液正常循环。

（8）随时调节电解槽的电流强度，使产气量满足生产需要。

Lb32C2092　电解槽漏碱的原因是什么？

答：电解槽的密封垫在长时间运行后失去韧性而老化，特别是槽体的突出部分为气道圈、液道圈的垫子，由于温度变化大，垫子老化就更快，从而引起漏碱。有的电解槽由于碱循环量不均，引起槽体温度变化造成局部过早漏碱。

Lb32C2093　电解槽的组成和作用是什么？

答：电解槽是水电解装置的主体设备，由若干电解池组成。每个电解池由阴极、阳极、隔膜及电解液构成。其作用是通入直流电后，水在电解池中分解，在阴极和阳极上分别产生氢气和氧气。

Lb32C2094　氢冷发电机的定期工作有哪些内容？

答：（1）调节氢冷却器和密封油冷却器的冷却水量。

（2）保证发电机密封油的供给和密封油压的调节。

（3）密封油系统有关设备的操作及运行维护。

（4）密封油系统的异常运行情况处理。

（5）对发电机（氢气）运行情况的监视（氢压，氢纯度，发电机进、出风温，发电机底部积油、积水等）。

（6）对发电机内部风压（氢压或空气）的调整。

（7）根据负载变化调节发电机温度。

（8）氢冷却系统异常情况的处理等。

Lb32C3095　当密封油停止真空处理时，应做哪些工作？

答：（1）冷却水系统的检查。

（2）密封油系统的检查。

（3）信号、保护的整定与氢、油设备的调试。

Lb32C3096　氢气纯度过高或过低对发电机运行有什么影响？

答：运行中的氢气纯度过高，则氢气消耗量增多，对发电机运行来说是不经济的；若氢气纯度过低，则因为含氢量减少而使混合气体的安全系数降低，因此，氢气纯度需保持在96%以上，气体混合物中的含氧量不超过2%。

Lb32C3097　氢冷发电机环式轴密封装置有何优缺点？

答：优点：结构简单，检修方便，短时间断油不至于烧坏密封瓦，能保持氢气纯度，对机组频繁启停适应性较好。

缺点：密封间隙较大，容易漏氢，需要随氢压变化及时调整密封油压，氢侧回油量大，氢气易受油污染而增加发电机排氢量。

Lb32C3098　内漏氢的具体表现有哪3种？

答：（1）氢气从定子出线套管法兰结合面泄漏到发电机封闭母线中；从密封瓦间隙进入密封油系统中。

（2）氢气通过定子绕组空芯导线、引水管等进入定子冷却水中。

（3）氢气通过冷却器铜管进入循环冷却水中，此情况引起氢气爆炸的危险性最大。

Lb32C499　造成电解槽绝缘不良的原因是什么？

答：造成电解槽绝缘不良的原因有以下几个方面：

（1）检修后存在金属杂物。

（2）绝缘套管、绝缘子上沾有碱结晶。

（3）石棉橡胶垫上碱结晶，潮湿后留在绝缘子上。

（4）绝缘套管夹紧后有裂缝，水和碱液残留于裂缝中。

（5）石棉橡胶垫片破裂。

Lb32C4100　简述弹簧管压力表的工作原理。

答：弹簧管在压力的作用下，自由端产生位移，并通过拉杆带动放大传动机构，使指针偏转在刻度盘上，指示出被测压力值。

Lb32C4101　简述动圈式仪表的工作原理。

答：动圈式仪表是利用载流导体在恒磁场中受力的大小与导体中电流强度成正比的原理工作的，电流流过仪表的动圈，使动圈发生扭转带动指针，指示出流过的电流的大小。

Lb32C5102　水电解制氢时，影响氢气纯度的因素有哪些？

答：影响氢气纯度的主要因素有以下几种：

（1）原料水和碱液中的溶解氧过高，在电解时，随阳极上产生的氧气向阳极侧扩散，同氢气一起逸出。

（2）滞留在电解液中的氧气泡通过电解液的内外循环，被带入电解槽的氢室中，引起氢气纯度的下降。

（3）运行不稳定，补水不及时，氢、氧气的压力差增大或其他原因使隔膜外露时，氢、氧气体将通过隔膜互相渗漏，使气体纯度下降。

（4）电解槽内存有杂质，有可能形成"中间"电极，发生"寄生电解"现象，引起气体纯度降低。

（5）碱液的浓度过低或含有杂质。

（6）一块或多块极板装反。

Lb32C5103　压力调整氧侧针型阀漏，将带来哪些后果？

答：（1）运行中将破坏氢、氧两侧调整器，水位不能保持平衡，氢气侧水位低，氧气侧水位高。

（2）两调整器调整动作时间拉长或丧失。

（3）氢气侧水位将压入氧气侧调整器，致使氧气调节器向外渗水。

（4）氧气侧水位过高，浮子重心不稳，产生导杆单边磨损甚至弯曲。

（5）易造成浮筒进水下沉，加速调整器内的渗水。

（6）泄漏严重时，将造成电解室两个间隔压差增大，石棉布推向氧气侧，降低了阻隔气体的效果，诱发事故。

Lb32C5104　电解槽温度超过额定温度由哪些原因造成，怎样处理？

答：（1）冷却水量不足或中断。如冷却水不足应调节冷却水流量；若冷却水中断应降低电解槽负载或调换备用水源。

（2）负荷过高。应适当降低负荷。

（3）碱液浓度过高。应适当降低浓度。

（4）碱液循环不良。应进行冲洗疏通。

Lb32C5105　给水箱补不进水的原因有哪些，如何处理？

答：（1）电解槽系统压力超过凝结水系统压力。应降低电解槽系统压力。

（2）停机使凝结水泵停止运行。应调换另一台机组凝结水。

（3）凝结水管冻结。应用蒸汽或热水解冻，为了防止冻结，应将给水箱凝进水疏水阀微开，保持流通。

（4）凝结水管至制氢室管道日久腐蚀。应查明泄漏原因进行检修。

（5）进给水箱的阀门滑丝，不能打开。

Lb32C5106　发电机氢气湿度增大的原因有哪些？

答：（1）发电机氢气是由制氢室储氢罐供给，如储氢罐内有水，尤其夏天室外温度高，水部分蒸发，会增加氢气湿度。

（2）氢冷发电机在运行过程中，氢气由于吸收轴封带来的水分，而使氢气的湿度增加，超过标准，油中有水分尤其明显。

（3）发电机氢气干燥系统中装有硅胶的干燥器因吸收氢中水分，硅胶已失效。

Lb32C5107　氢冷发电机氢气纯度低的原因有哪些？

答：（1）氢冷发电机机壳两侧端盖不严密，吸入空气（此处是负压）。

（2）密封油中含水量大，密封瓦不严密。

（3）制氢室电解槽出气纯度低，不合格。

（4）密封瓦回油量过大。

Lb32C5108　电解槽对隔膜有什么要求？

答：（1）因导电离子通过的阻力小，故要求隔膜厚度小，易为水浸润，表面孔隙率大。

（2）能防止氢氧气体混合，隔膜的细孔大小合适。

（3）有一定的机械强度。

（4）不被电解液腐蚀。

（5）价格便宜。

Lb32C5109　电解槽在组装中应注意什么？

答：（1）防止极板和隔膜框装倒、装反。

（2）严禁油污、铁屑及其他金属物掉入槽体内。

（3）防止进液孔和出气孔被堵塞。

（4）极板和隔膜框按预定的标记排列整齐，以免影响密封。

（5）电解槽夹紧时应对称进行，不能超过弹簧所允许的压力。

（6）正、负极板不得接错。

Lb32C5110　氢冷发电机在运行中氢压降低是什么原因引起的？

答：（1）轴封中心的油压过低或供油中断。

（2）供氢母管氢压低。

（3）发电机突然甩负荷，引起过冷却而造成氢压低。

（4）氢管破裂或阀门泄漏。

（5）密封瓦塑料垫破裂，氢气大量进入油系统，定子引出线套管或转子密封破坏造成漏氢；空芯导线或冷却器铜管有砂眼或运行中发生裂纹，氢气进入冷却水系统。

（6）运行误操作，如错开排氢门而造成氢压降低等。

Lb32C5111　电解槽绝缘不良的处理方法有哪些？

答：（1）用 1%的硼酸水擦洗绝缘器件，然后用纯水擦洗，再用空气吹干。

（2）更换有裂缝的绝缘套管及损坏的石棉垫片。

（3）清洗绝缘部件，加热至绝缘合格。

Lb32C5112　制氢站电解槽氢气纯度不合格的原因有哪些？

答：（1）电解液浓度太低。

（2）电解槽碱液液位低，极板露出液面。

（3）间隔出气孔有数个被堵塞，两间隔的绝缘破坏，隔墙破裂等。

（4）新装电解槽或大修电解槽极板和隔膜框装反。

Lb32C5113　电解制氢系统中为什么每隔一定时期必须补充碱液？

答：因为虽然从理论上讲，电解氢氧化钾水溶液时，氢氧化钾是不消耗的，但实际上因漏泄、氢与氧的少量携带等，氢氧化钾的的浓度在逐渐减小，因此，每隔一定时期必须补充碱液。

Lb32C5114　运行中为什么要保持分离器与电解槽之间电解液的正常循环？

答：如果不保持电解液的正常循环，就会使阴阳极之间浓差增大，降低电解效率，并产生浓差电池而腐蚀设备。

Lb32C5115　配制电解液为什么必须用纯水？

答：因为若水质纯度不够，其所溶解的物质大部分是无机的电解质，在电解过程中必然被电解，或是影响氢的纯度，或是消耗电流，严重时还可能腐蚀电解槽极，如有氯离子存在必然会形成严重的腐蚀。

Lc5C2116　什么叫高压、低压、安全电压？

答：对地电压在 250 V 及以上的称为高压；对地电压在 250 V 以下的称为低压；对人体不会引起生命危险的电压称为安全电压。

Lc5C2117　什么叫安全电流？

答：对人体不会造成危险的电流称为安全电流（交流电在

50 mA 以下，直流电在 10 mA 以下）。

Lc5C2118 安全生产中"三不放过"的原则是什么？

答：（1）发生事故的原因和责任不查清不放过。

（2）事故责任者和应受教育者没接受教育不放过。

（3）不制定防范措施不放过。

Lc5C2119 从事电力行业的人员必须具备哪些基本条件？

答：（1）精神正常，身体健康，没有妨碍工作的疾病。

（2）具备必要的电力专业知识，熟悉《电业安全工作规程》的有关规定，并经考试合格。

（3）会进行触电急救。

Lc5C3120 触电时电流通过人体的路径有哪几种？

答：有 4 种，分别为从手到手、从左手到脚、从右手到脚、从脚到脚。

Lc5C3121 防火的基本方法有哪 4 种？

答：① 控制可燃物；② 隔绝空气；③ 消除着火源；④ 防止火势爆炸波的蔓延。

Lc5C3122 灭火的基本方法有哪 4 种？

答：① 隔离法；② 窒息法；③ 冷却法；④ 抑制法。

Lc5C3123 触电急救的方法有哪 4 种？

答：① 口对口人工呼吸法；② 摆臂压胸法；③ 俯卧压背法；④ 心胸按压法。

Lc4C2124 从事电业工作中，造成触电的原因主要有哪些？

答：（1）缺乏电力安全作业知识，作业时不认真执行《电业安全工作规程》和有关安全操作的规章制度。

（2）对电气接线及电气设备的构造不熟悉。

（3）电气设备安装不符合安全规程要求。

（4）电气设备的维修质量差或不及时，造成绝缘不良而漏电。

Lc4C2125　发现有人触电，首先应怎么急救？

答：首先应迅速使触电者脱离电源。

Lc4C3126　进行人工救护操作前应注意什么？

答：应注意在没有切断电源前，不可直接用手接触触电者的身体；急救断电的同时，要做好防止触电者再次摔倒跌伤的措施；如因急救断电影响肇事地点照明时，应解决临时照明措施。

Lc4C3127　触电者失去知觉（假死）时，人工抢救的要点是什么？

答：（1）迅速解除妨碍触电者呼吸的一切障碍。

（2）立即进行人工呼吸，尽快通知医务人员前来抢救。

（3）抢救人员动作要有节奏，压力要适当，并保持不变。

（4）始终采用一种方法抢救，不可中途变换。

（5）持续不断，直至恢复自然呼吸为止。

（6）要设法把触电者抬放到温暖和空气流通的地方。

Lc4C3128　具备哪 3 个基本条件会引起火灾？

答：① 有可燃物质；② 有助燃物；③ 有足够的温度和热量（或明火）。

Lc4C4129　说出氧气瓶、氢气瓶、乙炔瓶、氨气瓶的漆

色。

答：天蓝色（黑字）的是氧气瓶；深绿色（红字）的是氢气瓶；白色（红字）的是乙炔瓶；黄色（黑字）的是氨气瓶。

Lc4C4130　氢区的各项设施在消防、防爆方面有什么要求？

答：氢区的各项设施要符合防火、防爆要求，消防设施应完善，防火标志要鲜明，防火制度要健全，严禁吸烟，严禁火种带进氢气区，严格执行动火制度。

Lc32C2131　在制氢设备现场，对检修人员有哪些安全要求？

答：（1）个人的衣着、手套等不能沾有油污。

（2）禁穿化纤工作服和带铁钉的鞋子。

（3）禁止带入火种。

Lc32C2132　对制氢室、氢罐及具有氢气的设备，在安全设施上有什么要求？

答：应采用防爆型电气装置，并采用木制的门窗，门应向外开，室外还应装设防雷装置。制氢室内和有氢气的设备附近，必须设置严禁烟火的标示牌，氢罐周围 10 m 处应设有围栏，应备有必要的消防设备。

Lc32C2133　发电机着火主要有哪些现象？

答：（1）发电机各部分温度、风压突增。

（2）机壳内冒烟或有绝缘烧焦的气味逸出。

Jd5C2134　为什么电流表、电压表某一刻度上划一红线？

答：为便于监视运动状态，常把额定值或允许值在表盘面上用红线表示，以便运行中能提醒注意，保证安全运行。

Jd5C3135 对在制氢室进行操作时使用的工具有何要求？

答：应使用铜制工具，以防发生火花。若必须使用钢制工具，应涂上黄油。

Jd5C3136 怎样测试气体的湿度（以湿度计为例）？

答：以湿度计测试为例：测定前，先将温度表的湿球温度计用蒸馏水浸湿；测定时，开动风扇使气体通过，记录稳定的指示读数；按公式计算得出气体的湿度。

Je5C1137 什么叫可控硅？

答：可控硅是一种大功率整流元件，其整流电压可以控制，当供给整流电路的电压一定时，输出电压能够均匀调节，它是一种四层三端的硅半导体器件。

Je5C1138 电源的作用是什么？

答：电源将其他形式的能量转为电能，电源内部的电源力，能够不断地将正电荷从负极移到正极，从而保持了两极之间的电位差，使电流在电路中持续不断地流通。

Je5C2139 对电业系统运行有哪些基本要求？

答：（1）保证可靠的持续供电。

（2）保证良好的电能质量。

（3）保证系统的运行经济性。

Je5C2140 什么叫负荷曲线？

答：将电力负荷随着时间变化关系绘制出的曲线称为负荷曲线。

Je5C3141 水内冷发电机的内冷水水质应符合哪些要求？

答：应符合表 C-1 中的要求：

表 C-1　　　　　　　　　水内冷发电机的内冷水水质标准

处理方式	电导率 μS/cm（25 ℃）	铜 μg/L	pH （25 ℃）
添加缓蚀剂	≤10	≤40	>6.8
不加缓蚀剂	≤10	≤200	>7.0

Je5C3142　电解槽运行时的工况参数应保持什么范围？

答：（1）氢、氧压差的波动范围应小于±50 mm 水柱。

（2）电解液液位要求稳定，如 SDJ–50 型电解槽，当满负荷运行时，液位波动范围不应大于±50 mm。

（3）电解槽温度要求稳定，其波动范围不大于 5 ℃。

（4）氢、氧压力要求稳定，其数值随各装置额定压力和运行情况而定，当上述参数超过限值要求，必须及时调整或排除故障。

Je5C3143　发电机由氢气冷却置换为空气冷却要如何操作？

答：先用二氧化碳进行倒氢，当二氧化碳含量达 95%以上时，开始充空气，1 h 后分析二氧化碳含量，小于 5%时切换结束，转入空气冷却。

Je4C2144　发电机由空气冷却置换为氢气冷却要如何操作？

答：首先应向发电机内充二氧化碳，当二氧化碳含量大于 90%以上时，开始向系统补氢，直至氢气含量在 97%以上，氧含量小于 2%，置换结束。

Je4C3145　氢气瓶充气前应检查哪些项目？

答：（1）漆色为深绿色并有明显字样。

（2）外观检查无裂缝、鼓泡、划痕等。

（3）检查钢印标记，对过期限的、报废的和标记不清的钢瓶不得充气。

（4）瓶阀完好，为左旋螺纹。

（5）瓶内是否为氢气，当余气小于 0.05 MPa 时应用氮气吹扫，合格后方可充气。

Je4C3146　电机氢冷值班员对发电机氢冷设备的职责范围有哪些？

答：定期补氢、排污、放油、放水等工作。

Je4C3147　电解槽排碱液时，应注意什么？

答：（1）电解液温度降至 40 ℃以下时，电解液正常排碱。

（2）应在停车后进行电解液排空。

（3）电解槽排碱前，应严格检查电解槽碱液箱之间的各阀门及碱液箱情况，以防跑碱。

Je4C3148　氢冷发电机排污时应注意什么？

答：当氢纯度不合格时，氢冷发电机应进行排污，同时补入新氢气，以维持原来氢压不变。操作时，严格监视表计读数，防止超压或失压。

Je4C4149　氢、氧储气罐压力试验时的压力和时间为多少？

答：氢、氧储气罐压力试验的压力为 0.15 MPa，时间为 30 min 无漏气。

Je4C4150　为什么在检修中一定要注意保护阳极镀镍层？

答：电解时阳极上析出的氧气，气泡全附于表面，在较高的电解液温度中，如果镍层遭到破坏，阳极板铁层将受到氧的严重腐蚀，导致电解槽使用寿命缩短，影响气体纯度。

Je4C4151 隔膜框压环的安装工艺要求有哪些？

答：（1）保护压环镀镍层的完好。

（2）压环不能断裂。

（3）压环与框架的铆钉不得错位。

（4）压环的缺口应对准液道口。

（5）电解槽总装时，压环应面朝阳极板（即阳极区内）。

（6）应紧压石棉布。

Je4C4152 电解槽在大修前应做哪些准备工作？

答：（1）原始测量和缺陷调查。

（2）制定大修计划。

（3）制定安全措施。

（4）材料准备。

（5）备品备件准备。

（6）专用工具药品准备。

Je4C5153 当发电机停用后，密封油系统排油检修应如何操作？

答：（1）当发电机静止后，应先将发电机内氢气完全置换成空气，然后将密封油系统停用。

（2）在排油前汽轮机主油箱应先空出一定的容积，以接受发电机密封油系统的油量。

（3）打开氢、空气分离箱放油门将油排入平衡油箱内。

（4）启动主密封油泵，把油打入主油箱内。

（5）将滤油器、冷却器、真空油泵管道内的存油放尽。

Je4C5154 在水电解装置中，需自动控制哪 4 个主要参数？

答：① 氢、氧压差；② 电解液液位；③ 电解槽温度；④ 氢、氧压力。

Je32C3155　如何处理水电解制氢硅整流故障？

答：（1）应立即拉掉所有电气设备的断路器及隔离开关，将硅整流电流调节器或直流发电机的励磁调节器调至零位，关闭大罐进气门、氧水封门、系统补水门、碱液循环门，并联系电气人员进行处理。

（2）如属硅整流器故障短时间不能修复，可根据现场实际情况启动备用硅整流器或直流发电机。

Je32C3156　真空油箱油位升高的原因是什么，怎样处理？

答：真空油箱油位升高，可能是因为系统自动调整油位的浮子阀失常。此时，应用浮子阀前的隔离门进行调整，保持油位正常。

Je32C4157　真空油箱油位降低的原因是什么，怎样处理？

答：当真空油箱油位下降时，可能是因为系统自动调整油位的浮子阀失常。此时，应打开真空箱的降温油门，保持油位正常，然后用浮子阀前的隔离门调整。

Je32C4158　如何严防密封油带入氢冷发电机内？

答：应从改善密封系统、提高检修质量、加强运行调整几个方面着手，严格防止密封油带水漏入机内，一旦发生，应立即查明原因并采取有效措施。

Je32C4159　密封油泵发生故障后应如何处理？

答：主密封油泵故障，应检查事故交流（直流）密封油泵是否自动投入运行，如未启动成功（或故障），应检查汽机调速油（或润滑油）的自动控制系统是否自动投入，如不能自动投入，应迅速打开调整装置的旁路门，手动调整密封油压。

Je32C4160　当发电机内部氢压降低时，应怎样处理？

答：应检查自动补氢门的动作情况，必要时改为手动补氢。

Jf5C2161　简述电力工业在国民经济中的作用和地位。

答：电力工业是将一次能源转化为二次能源的能源工业。它为各行各业提供动力，是其他能源不可代替的，所以电能应用的广泛性，决定了电力工业是一种社会公益型的行业。同时，电力工业生产的安全可靠性关系到整个国民经济、"四化"建设和人民生活。因此，电力工业是国民经济建设中具有重要地位的基础行业，是实现国家现代化和国民经济发展的战略重点。

Jf5C2162　制氢站着火时，如何进行扑救？

答：应立即停止电气设备运行，切断电源，排除系统压力，并用二氧化碳灭火器灭火。由于漏氢而着火时，应用二氧化碳灭火，并用石棉布密封漏氢处，不使氢气逸出，或采用其他方法断绝气源。

Jf5C2163　检修中为什么要使用铜质工具敲打？

答：主要是防止在可能有爆炸性气体的场合下产生火花，铜质工具质软可避免火花的产生。

Jf4C3164　如何进行氢冷发电机的灭火处理？

答：（1）按故障停机处理。

（2）迅速关闭发电机补氢门，停止向发电机补氢；并迅速打开二氧化碳门向发电机内充入二氧化碳进行排气灭火，在充入二氧化碳时应打开发电机排氢门进行排氢。

（3）在倒换氢气的过程中，要防止密封瓦的油漏入发电机内引起火灾，避免事故的扩大。

（4）当转速降至 200～300 r/min 时，维持此速运行。

（5）在发电机发生火灾或爆炸时，应保证密封油设备的正常运行。

（6）立即报告有关领导。

Jf4C3165　氢气管路连接到发电机上时，有什么要求？

答：发电机的补氢管路必须直接从储氢罐引出，电解槽引至储氢罐的管路不得与补氢管路连接，在储氢罐内二者也不得相连。

4.1.4　计算题

La5D1001　一台直流电动机运行时，端电压 U=210 V，电流 I=5 A，求该电动机输入的电功率 P。

解：根据公式 $P=IU$ 得

电动机的输入功率 $P=IU=5×210=1050$（W）。

答：该电动机输入的电功率为 1050 W。

La5D1002　截面积 S 为 1 mm^2，长 L=250 m 的钢线电阻 R 为 35 Ω，求钢线的电阻率 ρ 为多少？

解：由电阻定律 $R=\dfrac{\rho L}{S}$ 可知

$$\rho = \frac{RS}{L} = \frac{35×(1×10^{-6})}{250} = 14×10^{-8}\ (\Omega \cdot m)$$

答：钢线的电阻率为 $14×10^{-8}$ Ω·m。

La5D1003　手电筒中干电池的电压 U 共 3 V，灯泡的电阻 R 为 85 Ω，求通过灯泡的电流 I 的大小。

解：$I=\dfrac{U}{R}=\dfrac{3}{85}≈0.035$（A）=3.5（mA）

答：通过灯泡的电流约为 3.5 mA。

La5D2004　有一直流稳压电源，其铭牌数据为 24 V、200 VA，试问电源允许输出电流 I 为多大？允许接入的负荷电阻值 R 的范围是多少？

解：该电源允许输出的电流，即额定电流为

$$I=\frac{P}{U}=\frac{200}{24}≈8.33\ (A)$$

允许接入的最小负荷电阻为

$$R=\frac{U}{I}=\frac{24}{8.33}\approx2.88（Ω）$$

所以，该允许接入的负荷电阻范围为 2.88 Ω到无穷大。

答：电源允许输出电流约为 8.33 A，允许接入的负荷电阻范围为 2.88 Ω到无穷大。

La5D2005 有一电阻 R 为 20 Ω的电炉，接在 U=220 V 的电源上，使用时间 t 为 5 h，问它消耗了多少电量 Q?

解：$P=\dfrac{U^2}{R}=\dfrac{220^2}{20}$=2420（W）=2.42（kW）

$\qquad Q=Pt$=2.42×5=12.1（kW·h）

答：共消耗电量 12.1 kW·h。

La5D2006 m_1=4 g 的 NaCl 溶于 m_2=100 g 水中，问此溶液的百分浓度 C 为多少？

解：先求出溶液的质量，即 $m=m_1+m_2$=100+4=104（g）

求其百分浓度为

$$C=\frac{4}{104}\times100\%\approx3.846\%$$

答：此溶液的百分浓度为 3.846%。

La4D2007 称取 m=0.4 g 的 NaOH(含有杂质)制成 V=1 L 溶液，取这种溶液 V_1=50 ml 进行中和反应，用去盐酸溶液 V_2=48 mL，M_2=0.01 mol/L，求 NaOH 的纯度 C（Na、O、H 的原子量分别为 23、16、1）。

解：根据公式 $M_1V_1=M_2V_2$

$\qquad\qquad 50\times M_{NaOH}$=48×0.01

$\qquad M_{NaOH}=48\times\dfrac{0.01}{50}$=0.009 6（mol/L）

$\qquad m_{NaOH}$=0.009 6×40×1=0.384（g）

NaOH 纯度为 $C=\dfrac{0.384}{0.4}\times100\%=96\%$

答：NaOH 的纯度为 96%。

La4D2008　3.25 g 锌与多少克 36.5%的盐酸完全反应？标准状态生成 H_2 多少升（Mn、Cl、H 的原子量分别为 65、35.5、1）？

解：设需要 x g36.5%的盐酸，生成 y LH_2

$$Zn\ +\ 2HCl\ =\ ZnCl_2\ +\ H_2\uparrow$$

65	2×36.5		22.4
3.25	$x\times36.5\%$		y

$$\frac{65}{3.25}=\frac{2\times36.5}{x\times36.5\%}$$

解得

$$x=10\ (g)$$

因为 1 molH_2 在标准状态下的体积为 22.4 L

所以

$$\frac{65}{3.25}=\frac{22.4}{y}$$

解得

$$y=1.12\ (L)$$

答：3.25 g 锌与 10 g 36.5%的盐酸完全反应能生成 1.12 L H_2。

La4D2009　某容器内真空压力 H 为 0.08 MPa，当地大气压力 B 为 0.101 3 MPa，则其容器内的绝对压力 p_a 为多少？

解：$p_a=B-H=0.101\ 3-0.08=0.021\ 3$（MPa）

答：绝对压力为 0.021 3 MPa。

La4D3010　用直径 d=4 mm、电阻率 $\rho=1.2\times10^{-6}\ \Omega\cdot m$ 的电阻丝，绕制成电阻 R 为 16.2 Ω 的电阻炉，求电阻丝的长

度 L ?

解: 电阻丝的截面积为

$$S=\frac{\pi d^{2}}{4}=\frac{3.14\times(4^{2}\times10^{-6})}{4}=12.56\times10^{-6} \quad (\mathrm{m}^{2})$$

$$L=\frac{RS}{\rho}=\frac{16.2\times(12.56\times10^{-6})}{1.2\times10^{-6}}=169.56 \quad (\mathrm{m})$$

答: 电阻丝的长度为 169.56 m。

La4D3011 有一根长 L 为 1000 m,截面积 S 为 10 mm² 的铜导线,其电阻率 ρ 为 $1.75\times10^{-8}\,\Omega\cdot\mathrm{m}$,试求导线的电阻 R。

解: 根据公式 $R=\rho\dfrac{L}{S}$

得 $\qquad R=0.017\,5\times\dfrac{1000}{10}=1.75 \quad (\Omega)$

答: 导线的电阻为 1.75 Ω。

La4D3012 一铜导线长 $L=22.4$ m,其最高电阻允许值 R 为 $0.066\,5\,\Omega$,问铜导线的最小截面积 S 有多大(已知 $\rho=1.72\times10^{-8}\,\Omega\cdot\mathrm{m}$)?

解: 已知铜的电阻率 $\rho=1.72\times10^{-8}\,\Omega\cdot\mathrm{m}$

$$S=\frac{\rho L}{S}=\frac{1.72\times10^{-8}\times22.4}{0.066\,5}\approx579\times10^{-8}=5.79 \quad (\mathrm{mm}^{2})$$

答: 铜导线的最小截面积约为 5.79 mm²。

La4D3013 直流电机定子绕组的电流 I 为 20 mA,电压 U 为 3 V,求此绕组的电阻 R 有多大?

解: 根据欧姆定律 $R=\dfrac{U}{I}$ 得

$$R=\frac{3}{20\times10^{-3}}=150 \quad (\Omega)$$

答：此绕组的电阻为 150 Ω。

La4D3014 设导线长 L 为 2 m，截面积 S 为 0.5 mm²，如果电流表读数 I 是 1.16 A，电压表读数 U 是 2 V，问该导线的电阻率 ρ 是多大？

解：根据欧姆定律 $R=\dfrac{U}{I}$ 得

$$R=\frac{2}{1.16}\approx1.72（\Omega）$$

导线的电阻率

$$\rho=\frac{RS}{L}=\frac{1.72\times0.5}{2}$$
$$=0.43（\Omega\cdot mm^2/m）$$
$$=4.3\times10^{-7}（\Omega\cdot m）$$

答：该导线的电阻率为 4.3×10^{-7} Ω·m。

La4D3015 一台直流发电机工作电压 U 是 130 V，输出电流 I 是 10 A，求输出功率 P 为多少？

解：输出功率 $P=UI=130\times10=1300（W）=1.3（kW）$

答：直流发电机的输出功率为 1.3 kW。

La4D3016 某户装有 40 W 和 25 W 的电灯各一盏，它们的电阻分别是 $R_1=1210$ Ω 和 $R_2=1936$ Ω，电源电压 U 为 220 V，求两盏灯的总电流 I 为多少？

解：两盏灯并联后的等效电阻为

$$R=\frac{R_1R_2}{R_1+R_2}=\frac{1210\times1936}{1210+1936}=745（\Omega）$$

两盏灯的总电流

$$I=\frac{U}{R}=\frac{220}{745}\approx0.295（A）$$

答：两盏灯的总电流约为 0.295 A。

La4D3017 某电容器的最高允许电压 U_m 为 300 V，问可能给电容器加多少伏交流电压 U（有效值）？

解：电容器可承受的最高电压为 300 V，即可施加在电器上的交流电压的峰值为 300 V，则有效值为

$$U = \frac{U_m}{\sqrt{2}} = \frac{300}{\sqrt{2}} \approx 212.1 \text{（V）}$$

答：可能给电容器加 212.1 V 的交流电压。

La32D3018 求长 $L=600$ m、截面积 S 为 6 mm^2 的铜线在常温下（20 ℃）的电阻 R 和电导 G 各是多少（铜的电导率 $\rho=1.75\times10^{-8}$ $\Omega \cdot m$）？

解：根据公式 $R=\rho\dfrac{L}{S}$ 和电阻、电导的关系式 $R=\dfrac{1}{G}$，$G=\dfrac{1}{R}$ 求得铜线在 20 ℃时的电阻为

$$R=\rho\frac{L}{S}=1.75\times10^{-8}\times\frac{600}{6\times10^{-6}}=1.75 \text{（Ω）}$$

铜线在（20 ℃）时的电导为

$$G=\frac{1}{R}=\frac{1}{1.75}=0.57 \text{（S）}$$

答：在常温下（20 ℃）铜线的电阻为 1.75 Ω，电导为 0.57 S。

La32D3019 在 112.25 mol/L 氨水中加入 20 g 的 NH_4Cl，求混合后溶液的 pH 值（已知 $K_{NH_3 \cdot H_2O}=1.8\times10^{-5}$）。

解：混合后组成 $NH_3 \cdot H_2O$—NH_4Cl 缓冲溶液，其物质的量为

$$C_{NH_4Cl}=\frac{20}{53.5}\approx0.373\,8 \text{（mol/L）}$$

忽略体积变化

$$[OH^-] = \frac{C_{NH_3 \cdot H_2O}}{C_{NH_4Cl}} \cdot K_{NH_3 \cdot H_2O}$$

$$= 1.8 \times 10^{-5} \times \frac{2.25}{0.37}$$

$$= 1.08 \times 10^{-4} \ (mol/L)$$

$$pOH = -lg[OH^-] = -lg \ (1.08 \times 10^{-4}) = 4 - lg1.08 = 3.97$$

$$pH = 14 - 3.97 = 10.03$$

答：混合后的 pH 值为 10.03。

La32D3020 已知反应 $CO + H_2O \rightarrow CO_2 + H_2$，$K=1$。若将 2 mol 的 CO 和 10 mol 的 H_2O（汽）装入密封容器（容积为 2 L）中加热到 800 ℃，求 CO 转化为 CO_2 的转化率。

解：根据题意，设转化率为 α

	CO	+	H_2O	=	CO_2	+	$H_2 \uparrow$
起始浓度（mol/L）	$\frac{2}{2}=1$		$\frac{10}{2}=5$		0		0
消耗浓度或生成浓度（mol/L）	$1 \times a = a$		a		a		a
平衡浓度（mol/L）	$1-a$		$5-a$		a		a

$$K = \frac{[CO_2][H_2]}{[CO][H_2O]} = \frac{a^2}{(1-a)(5-a)} = 1$$

$$\frac{a^2}{a^2 - 6a + 5} = 1 \qquad a = 0.83 = 83\%$$

答：CO 转化为 CO_2 的转化率是 83%。

La32D3021 求 0.1 mol/L 醋酸钠水溶液的 pH 值。已知 $K_a = 1.8 \times 10^{-5}$。

解：$C_a=0.1$ mol/L，$K_a=1.8\times10^{-5}$。

$$pH=7-1/2\ lgKa+1/2\ lgCa$$
$$=7-1/2\ lg（1.8\times10^{-5}）+1/2\ lg10^{-1}$$
$$=8.87$$

答：0.1 mol/L 醋酸钠水溶液的 pH 值是 8.87。

La32D3022 求 0.1 mol/L 氯化铵水溶液的 pH 值。已知 $K_b=1.8\times10^{-5}$。

解：$C_b=0.1$ mol/L，$K_b=1.8\times10^{-5}$

$$pH=7+1/2\ lgK_b-1/2\ lgC_b$$
$$=7+1/2\ lg（1.8\times10^{-5}）-1/2\ lg10^{-1}$$
$$=5.13$$

答：0.1 mol/L 氯化铵水溶液的 pH 值是 5.13。

La32D3023 要配制 0.1 mol/L NaOH 溶液 100 mL，需要 NaOH 多少克？

解：NaOH 的分子量为 40，那么 0.1 mol/L NaOH=0.1×40=4 g。设配制 100 mL 0.1 mol/L NaOH 需要 xg NaOH，则

$$1000{:}4 = 100{:}x$$
$$x=（4\times100）\div1000 = 0.4\ g$$

答：需要 NaOH 0.4 g。

La32D3024 有一电解制氢系统，总容积为 320 L，求配电解液时所需的 KOH（电解液浓度定为 280 g/L）。

解：用药量度 $= 320\times280\div1000 = 89.6$（kg）

常规每瓶 KOH 装药量为 500 g，所以实际用药量为

$$89.6\ kg\times 2\ 瓶/ kg = 179.2\ 瓶$$

答：配电解液需 500 g 装的 KOH 179.2 瓶。

La32D3025 在 15 ℃时，$ZnSO_4$ 的溶解度为 50.9 g，其

饱和溶液的比重为 1.45，求 $ZnSO_4$ 溶液的百分比浓度和摩尔浓度。

解：根据溶解度定义，100 g 水最高溶解 50.9 g $ZnSO_4$，则

百分比浓度=[50.9 ÷（100 + 50.9）]×100% = 33.7%

摩尔浓度= 1.45 × 33.7% ÷ 161.4 = 3.03（mol/L）

答：$ZnSO_4$ 溶液的百分比浓度是 33.7%，摩尔浓度是 3.03 mol/L。

La32D4026 计算 0.1 mol/L NH_3 水溶液的 pH 值（K_b= 1.8×10⁻⁵）。

解：C = 0.1 mol/L，K_b = 1.8×10⁻⁵

$$[OH] = （K_b C）^{1/2}= （1.8×10^{-5}×0.1）^{1/2} = 1.34×10^{-3}（mol/L）$$

$$pOH = -lg1.34×10^{-3}= 3 - 0.13 = 2.87$$

$$pH = 14-2.87 = 11.13$$

答：0.1 mol/L NH_3 水溶液的 pH 值是 11.13。

La32D4027 现有 99.5%的分析纯 KOH 100 kg，欲配制 30%的电解液，需加纯水多少千克？

解：设需加纯水 $x$kg，则

$$30\% = [99.5\% × 100/（100 + x）] × 100\%$$

$$x ≈ 232$$

答：需加纯水约 232 kg。

La32D4028 在含有 Cl⁻和 CrO_4^{2-} 的混合溶液中（浓度都是 0.1 mol/L），逐滴加入 $AgNO_3$ 溶液，问哪一种离子先沉淀（已知 $K_{sp·AgCl}$=1.8×10⁻¹⁰，$K_{sp·Ag2CrO4}$=1.1×10⁻¹²）？

解：根据容积规则，开始生成 AgCl 沉淀所需 Ag^+的浓度为

$$[Ag^+]=\frac{K_{sp·AgCl}}{[Cl^-]} = \frac{1.8×10^{-10}}{0.1} = 1.8×10^{-9}（mol/L）$$

开始生成 Ag_2CrO_4 沉淀所需要的 Ag^+ 离子浓度为

$$[Ag^+]=\sqrt{\frac{K_{sp \cdot Ag_2CrO_4}}{[CrO_4^{2-}]}}$$

$$=\sqrt{\frac{1.1\times10^{-12}}{0.1}}$$

$$=3.3\times10^{-6}(mol/L)$$

答：由于沉淀 Cl^- 所需要的$[Ag^+]$比沉淀 CrO_4^{2-} 离子所需要的$[Ag^+]$少，所以加入 $AgNO_3$ 溶液后，$[Ag^+]$、$[Cl^-]$首先达到 K_{sp} 值，$AgCl$ 先沉淀。

La32D4029 有一盐酸溶液，其浓度为 0.112 5 mol/L，现有溶液 100 mL，问需加多少毫升蒸馏水才能使其浓度为 0.1 mol/L？

解：设需加 x 蒸馏水才能使其浓度为 0.1 mol/L

$$0.1x=100\times0.112\ 5$$
$$x=112.5（mL）$$
$$112.5-100=12.5（mL）$$

答：需加入蒸馏水 12.5 mL。

La32D4030 制氢站现电流为 600 A，电压为 62 V，问：24 h 所耗电能为多少？如果按每度电 0.4 元计算，合人民币多少元？

解：根据 $P=IU=600\times62=37\ 200（W）=37.2（kW）$

24 h 所耗电能为

$$Pt=37.2\times24=892.8（kW\cdot h）$$

合人民币

$$892.8\times0.4=357.12（元）$$

答：24 h 所耗电能 892.8 kW·h，合人民币 357.12 元。

La32D4031 水电解生产 1 m^3（标气）的 H_2 需多少千克

水？

解：根据 1 mol 气体在标准状态下为 22.4 L，则 1 m^3（标气）的 H_2 所含的摩尔数为

$$1000 \div 22.4 \approx 44.6（mol）$$

设需水 xg，则

$$2H_2O = 2H_2\uparrow + O_2\uparrow$$

则

$$36:x = 2:44.6$$

$$x \approx 803 \text{ g} = 0.803 \text{ kg}$$

答：水电解生产 1 m^3（标气）的 H_2 约需 0.803 kg 水。

La32D4032 水电解生产 1 m^3（标气）的 O_2 需多少千克水？

解：根据 1 mol 气体在标准状态下为 22.4 L，则 1 m^3（标气）的 O_2 所含的摩尔数为

$$1000 \div 22.4 \approx 44.6（mol）$$

设需水 xg，则

$$2H_2O = 2H_2\uparrow + O_2\uparrow$$

则

$$36:x = 1:44.6$$

$$x \approx 1606 \text{ g} = 1.606 \text{ kg}$$

答：水电解生产 1 m^3（标气）的 O_2 约需 1.606 kg 水。

La32D4033 制氢站 740 A 可产标准氢为 10 m^3/h，现运行时为 600 A，问运行多少小时能把储气罐储满到 2.8 MPa？

解：考虑到 2.8 MPa 时，合多少标准 m^3，即

$$2.8 \times 13 = 364（m^3）$$

考虑每小时产氢多少 m^3，即

$$（600/740）\times 10 = 8.1（m^3）$$

考虑多少小时能储满，即

$$364 \div 81 \approx 44.94 \text{（h）}$$

答：约需 44.94 h 能把储氢罐储满到 2.8 MPa。

La32D5034　在标准状态下，$V=0.2$ L 的容器里含有 CO 的质量 $m=0.25$ g，试计算 CO 的分子量。

解：因为 1 mol CO 在标准状态下的体积为 22.4 L，根据公式，CO 的摩尔质量为

$$M_G = \frac{m}{V} \times 22.4$$

$$\frac{0.25}{0.2} \times 22.4 = 28 \text{（g/mol）}$$

又因为摩尔质量数值上与该物质的分子量相等，所以 CO 的分子量为 28。

答：CO 的分子量为 28。

La32D5035　下列溶液为常用试剂，计算其摩尔浓度。已知浓盐酸（含 HCl 37%，$d=1.19$）；浓氨水（含 NH_3 28%，$d=0.9$）。

解：根据公式

$$M = \frac{C}{\text{分子量}} = \frac{A \times 10 \times \text{密度}}{\text{分子量}}$$

浓盐酸的摩尔浓度

$$M_{HCl} = \frac{37 \times 10 \times 1.19}{36.5} = 12.06 \text{（mol/L）}$$

浓 $NH_3 \cdot H_2O$ 的摩尔浓度

$$M_{NH_3 \cdot H_2O} = \frac{28 \times 10 \times 0.9}{17} = 14.82 \text{（mol/L）}$$

答：浓盐酸的摩尔浓度为 12.06 mol/L，浓氨水的摩尔浓度为 14.82 mol/L。

La32D5036　取某种含有 Al^{3+} 的水样 200 mL，加过量氨水，将析出的沉淀物灼烧后得到 Al_2O_3，共 0.51 g，求水样中

Al^{3+}的含量 C 为多少（假定水样中阳离子只有 Al^{3+}，Al 的分子量为 26.98，O 的分子量为 16）？

解：

$$C=0.51\times\frac{2Al}{Al_2O_3}\times\frac{1000}{200}\times1000$$

$$=0.51\times\frac{2\times26.98\times5}{2\times26.98+3\times16}\times1000$$

$$=1350（mg/L）$$

答： 水样中 Al^{3+}的含量为 1350 mg/L。

Lb5D1037 一台直流发电机，工作电压 U 为 100 V，输出电流 I 为 5 A，求它的输出功率 P？

解： $P=UI=100\times5=500$（W）

答： 输出功率为 500 W。

Lb5D1038 一电解槽理论分压 U_1 为 1.67 V，实际电压 U_2=2.0 V，计算电压效率 η 为多少？

解： $\eta=\dfrac{U_1}{U_2}\times100\%=\dfrac{1.67}{2.0}\times100\%=84\%$

答： 电压效率为 84%。

Lb5D1039 已知电解槽每小时产氢量 h 为 4 m^3，每产生 1 m^3 的 H_2，消耗 H_2O 的质量 g 为 865 g，问一天需补充凝结水多少千克？

解： 根据题意，则有

$$m=g\times h\times t=0.865\times4\times24=83.04（kg）$$

答： 一天需补充凝结水 83.04 kg。

Lb4D2040 电解饱和食盐水得到 H_2 和 Cl_2，合成 HCl，将 HCl 溶于水得到 20%的盐酸 500 kg，问消耗食盐多少千克（Na、

Cl、H 的原子量分别为 23、35.5、1）？

解：根据题意，反应方程式如下

$$H_2 + Cl_2 = 2HCl$$

$$2\times35.5 \quad 2\times36.5$$

$$x \qquad 500\times20\%$$

$$x=\frac{2\times35.5\times500\times20\%}{2\times36.5}=97.3（kg）$$

$$2NaCl+2H_2O=2NaOH+H_2\uparrow+Cl_2\uparrow$$

$$2\times58.5 \qquad\qquad 2\times35.5$$

$$m \qquad\qquad 97.3$$

$$m=\frac{2\times58.5\times97.3}{2\times35.5}=160.3（kg）$$

答：消耗食盐 160.3 kg。

Lb4D2041 有 P=1500 W 的直流电动机一台，电源电压 U_0 为 220 V，输出电流 I_0 是 8.64 A。求输入电动机的电功率 P_0 是多少，电动机的损失功率 ΔP 是多少？

解：电动机的输入功率为

$$P_0=U_0I_0=220\times8.64$$

$$=1900.8（W）$$

电动机损失功率为

$$\Delta P=P_0-P=1900.8-1500=400.8（W）$$

答：输入功率为 1900.8 W，损失功率为 400.8W。

Lb4D3042 某元素 R 的氢化物中有 4 个氢原子，又知该化合物中含氢 25%，计算 R 的原子量 n（已知 H 的原子量为 1）。

解：根据题意得 $\frac{4H}{4H+n}=25\%$

$$\frac{4}{4+n}=25\%$$

$$n=12$$

答：R 的原子量为 12。

Lb4D3043 电解槽由 $n=26$ 组电极组成，已知电解槽通过的电流为 300 A，通过时间 t 为 6 h，计算 H_2 和 O_2 的产量各为多少？

解：电极上每通过一个法拉第电量，即 96 500 C$=\dfrac{96\,500}{3600}=$ 26.8 A·h，电极上就析出相当于标准状态下 11.2 L 的 H_2 和 5.6 L 的 O_2，因此

$$Q_{H_2} = \frac{1 \times t \times 11.2 \times n}{26.8 \times 1000}$$
$$= 0.418 \times 10^{-3} \times 300 \times 6 \times 26$$
$$= 19.6 \ (m^3)$$

$$Q_{O_2} = \frac{1 \times t \times 5.6 \times n}{26.8 \times 1000}$$
$$= 0.209 \times 10^{-3} \times 300 \times 6 \times 26$$
$$= 9.8 \ (m^3)$$

或 $$Q_{O_2} = \frac{1}{2} Q_{H_2} = \frac{19.6}{2} = 9.8 \ (m^3)$$

答：H_2 的产量为 19.6 m^3，O_2 的产量为 9.8 m^3。

Lb4D3044 某厂氢氧站有一台电解槽，共有 $n=100$ 个电解小室，其输入电流 I 为 6000 A，电流效率 η 为 99%。试问外送压力 Δp 为 2.5 MPa、温度为 27 ℃时，此电解槽每小时能送出 H_2、O_2 的量 V_2、V_3 各多少立方米（标准状态下，压力 $p_1=101.3$ kPa，$V_1=248$ m^3，$T_1=273$ ℃）？

解：在标准状态下 H_2 产量为

$$V_1 = 4.18 \times 10^{-4} I \times n \times t \times \eta$$
$$= 4.18 \times 10^{-4} \times 6000 \times 100 \times 1 \times 99\%$$
$$= 248 \ (m^3)$$

气态方程为

129

$$\frac{p_1 V_1}{T_1} = \frac{p_2 V_2}{T_2}$$

把已知数据代入气态方程得 V_2=266（m^3）

因为 O_2 的产量为 H_2 的一半，所以 V_3=133（m^3）

答：当外送压力为 2.5 MPa、温度为 27 ℃时，这台电解槽每小时能送出 H_2 266 m^3、O_2 133 m^3。

Lb4D3045 16 g 的 O_2 在 T=278 K 与 p=1.013 3×10⁻⁵ Pa 的状态下，作为理想气体应占体积 V 多少升？

解：16 g 的 O_2 的物质的量为

$$n = \frac{16}{32} = 0.5 （mol）$$

由气态方程得

$$V = \frac{nRT}{p} = \frac{0.5 \times 8.315 \times 278}{1.013\,3 \times 10^{-5}} \times 10^3 = 11.4 （L）$$

答：作为理想气体应占体积 11.4 L。

Lb4D3046 大修后，用 H_2 置换发电机内的 CO_2 时，取样 100 mL 气体进行分析。气体通过 KOH 溶液和焦性没食子酸溶液后，测得被吸收的 CO_2 体积 V_1=70 mL，被 O_2 吸收体积 V_2=1.0 mL，此时 H_2 置换 CO_2 是否结束（不考虑仪器的补正值，补充新氢气中的 O_2 含量 C_1 为 0.3%，置换合格发电机内 H_2 含量 C_2 为 95%）？

解：CO_2 的含量为

$$C_3 = \frac{V_1 \times 100}{V} = \frac{70 \times 100}{100} = 70\%$$

O_2 的含量为

$$C_4 = \frac{V_2 \times 100}{V} = \frac{1.0 \times 100}{100} = 1.0\%$$

N_2 的含量为

$$C_5 = （O_2\% - 0.3\%） \times \frac{79.2}{20.8}$$

$$= (1.0\% - 0.3\%) \times \frac{79.2}{20.8}$$

$$= 2.7\%$$

H_2 的含量为

$$C_6 = 100 - 70 - 1.0 - 2.7 = 21.6\% > 100\% - 95\%$$

答：此时发电机内 H_2 置换 CO_2 未结束。

Lb4D3047 已知封闭在容积 $V=50$ L 的氧气瓶中，质量 $m=4$ kg 的气体，试求其比重 γ 和密度 ρ。

解：$\rho = \dfrac{m}{V} = \dfrac{4 \times 10^3}{50 \times 10^3} = 0.08$（$g/cm^3$）$= 80$（$kg/m^3$）

再由 $\gamma = \dfrac{G}{V} = \rho g$ 得

$$\gamma = 80 \times 9.8 = 784 \,（N/m^3）$$

答：此气体的密度为 80 kg/m^3，比重为 784 N/m^3。

Lb4D3048 测试 H_2 纯度，取 $V_1 = 100$ mL 气体样，先后通过 KOH 溶液和焦性没食子酸溶液，测得被吸收的 CO_2 体积 V_2 为 0.2 mL，O_2 的体积 V_3 为 0.1 mL，求 H_2 的纯度 C？

解：CO_2 的百分含量为

$$C_1 = \frac{V_2}{V} \times 100\% = \frac{0.2 \times 100\%}{100} = 0.2\%$$

O_2 的含量为

$$C_2 = \frac{V_3}{V} \times 100\% = \frac{0.1}{100} \times 100\% = 0.1\%$$

$$C = (1.0 - 0.02 - 0.01) \times 100\% = 99.7\%$$

答：H_2 纯度是 99.7%。

Lb4D3049 某汽轮发电机的容积为 75 m^3，额定运行氢压 p_N 为 0.005 MPa，做泄漏试验时，压缩空气的试验压力 p 为

0.01 MPa，试验过程中，大气压和温度均不改变，机内压力每小时下降Δp=0.000 2 MPa，试计算其每昼夜泄漏量是否符合原水利电力部颁发的《发电机运行规程》所规定的允许值（10%）（已知氢气的泄漏量是空气的 3.75 倍）？

解：压力比为

$$K = \frac{p}{p_N} = \frac{0.01}{0.005} = 2$$

转化到运行压力下空气的泄漏量为

$$\frac{L_N}{V} = 240 \times \frac{\Delta p}{K} = 240 \times \frac{0.000\ 2}{2} = 0.024$$

将空气泄漏量换算成氢气泄漏量，则应乘以 3.75，得

$$\frac{L_N'}{V'} = 3.75 \times 0.024 \times 100\% = 9\%$$

答：每昼夜的泄漏量为 9%，因为小于原水利电力部颁发的《发电机运行规程》规定的允许值，所以这台发电机的泄漏量符合要求。

Lb4D3050　某汽轮发电机的额定运行氢压 p_N 为 0.3 MPa，用压力空气进行泄漏试验时的试验压力 p 仍为 0.3 MPa，试验过程中大气压不变，温度不变，其允许的氢气泄漏量 L_N 为 15%，试计算发电机允许的每小时压力下降值 Δp。

解：已知：$\dfrac{L_N}{V} = \dfrac{15\%}{3.75} = 0.04$，$K = \dfrac{p}{p_N} = \dfrac{0.3}{0.3} = 1$

根据泄漏公式得

$$\frac{L_N}{V} = 240\frac{\Delta p}{K}$$

$$\Delta p = \frac{K}{240} \times \frac{L_N}{V} = \frac{1}{240} \times 0.04$$

$$= 167\ (\text{Pa/h})$$

$$= 0.000\ 167\ (\text{MPa})$$

答：充以压缩空气后，允许的每小时压力下降值为 0.000 167 MPa。

Lb32D2051 一台电动机的功率 P 为 1.1 kW, 接在 U=220 V 的交流电源上, 工作电流 I 为 10 A。试求电动机的功率因数 $\cos\varphi$。

解: 视在功率为

$$S=UI=220 \times 10=2200 \text{（VA）}$$

则电动机的功率因数为

$$\cos\varphi=\frac{P}{S}=\frac{1100}{2200}=0.5$$

答: 该电动机的功率因数为 0.5。

Lb32D2052 H_2、O_2、N_2 的混合气体质量为 18.1 g, 点火后 H_2 和 O_2 正好完全反应生成 18 g 的 H_2O, 则反应前混合气体中各气体的质量分别为多少克?

解: 混合气体中含 N_2 为 18.1–18=0.1（g）

设混合气体中含 H_2 为 x

$$2H_2+O_2=2H_2O$$

$$\quad 4 \qquad\qquad 36$$

$$\quad x \qquad\qquad 18$$

则由

$$\frac{4}{x}=\frac{36}{18}$$

得

$$x=2 \text{（g）}$$

所以混合气体中含 O_2

$$18–0.1–2=16 \text{（g）}$$

答: 混合气体中含 H_2 2 g, 含 O_2 15.9 g, 含 N_2 0.1 g。

Lb32D2053 电解水溶液, 电流为 2 A, 通电时间 t=4 h, 在阴极能得到多少升 H_2（标准状态）, 在阳极能得到多少升 O_2（标准状态）?

解:

$$Q=2t=2 \times 4 \times 60 \times 60=28\,800 \text{（C）}=0.30 \text{（F）}$$

$$V_{H_2} = \frac{0.30 \times 22.4}{2} = 3.36 \ (L)$$

$$V_{O_2} = \frac{1}{2}V_{H_2} = \frac{3.36}{2} = 1.68 \ (L)$$

答：阴极上能得到 3.36 L H_2，阳极上能得到 1.68 L O_2。

Lb32D2054 由 100 V 的电源供给负荷 10 A 的电流，如果电源到负荷往返线路的总电阻为 0.1 Ω，那么，负荷的端电压应为多少伏？

解： $U_{负荷} = 100 - 10 \times 0.1 = 99 \ (V)$

答：负荷的端电压应为 99 V。

Lb32D2055 电阻 R_1=150 Ω，R_2=300 Ω，则串、并联时总电阻各为多少？

解： $R_串 = R_1 + R_2 = 150 + 300 = 450 \ Ω$

$R_并 = (R_1 \times R_2) \div (R_1 + R_2) = 100 \ Ω$

答：串联时总电阻为 450 Ω，并联时总电阻为 100 Ω。

Lb32D2056 某用户无表用电，有灯 25 W 5 个、40 W 10 个、60 W 5 个，每日夏季按 4h 计算，冬季按 6 h 计算，问：冬夏月耗电各多少千瓦时？

解： $W_冬 = (25 \times 5 + 40 \times 10 + 60 \times 5) \times 6 \times 30 \div 1000$

$= 149 \ (kW \cdot h)$

$W_夏 = (25 \times 5 + 40 \times 10 + 60 \times 5) \times 4 \times 30 \div 1000$

$= 99 \ (kW \cdot h)$

答：冬月耗电 149 kW·h，夏月耗电 99 kW·h。

Lb32D2057 量程为 20 V 的电压表，内阻为 10 kΩ，欲测量电压为 400 V，该电压表需串联多大电阻？

解： 设需串联电阻为 $R_串$，则

$$400 \div (R_{串} + r_{内}) = 20 \div r_{内}$$
$$r_{内} = 10 \, (k\Omega)$$

代入上式，求得 $R_{串} = 190 \, (k\Omega)$

答：该电压表需串 190 kΩ 的电阻。

Lb32D2058 有一台三相发电机，其每相电动势有效值为 220 V，试分别求出当三相绕组作星形连接和作三角形连接的线电压和相电压。

解：在作星形连接时，电路有两种电压，即

相电压 $U_{YP} = 220 \, V$

线电压 $U_{YL} = \sqrt{3} \, U_{YP} = \sqrt{3} \times 220 = 380 \, V$

在作三角形连接时

$$U_{\Delta P} = U_{\Delta L} = 220 \, (V)$$

答：作星形连接时的相电压为 220 V，线电压为 380 V；作三角形连接时相电压和线电压相均为 220 V。

Lb32D2059 某教室有 3 盏 60 W 的电灯，晚自习使用 2 h，某宿舍有 1 盏 40 W 的电灯，使用时间 12 h，问教室和宿舍哪一个消耗的电能多？

解：教室消耗的电能

$$W_1 = P_1 I_1 = (60 \times 3 \times 2) = 360 \, (W \cdot h) = 0.36 \, (kW \cdot h)$$

宿舍消耗的电能

$$W_2 = P_2 I_2 = 40 \times 12 = 480 \, (W \cdot h) = 0.48 \, (kW \cdot h)$$

$$0.36 kW \cdot h < 0.48 kW \cdot h$$

则宿舍消耗的电能多。

答：宿舍消耗的电能多，为 0.48 度。

Lb32D3060 某生水含有 10 mg/L 的 C_a^{2+}，若在每升这种水中加入 20 mg 的固体 Na_2CO_3，问在 25 ℃时能否产生 $CaCO_3$ 沉淀（$CaCO_3$ 的溶度积为 4.8×10^{-9}，Ca 的原子量为 40，Na_2CO_3

的分子量为 106）？

解：首先把 C_a^{2+} 和 CO_3^{2-} 以 mo/L 浓度表示

$$[C_a^{2+}]=（10\div40）\times10^{-3}=2.5\times10^{-4}（mo/L）$$
$$[CO_3^{2-}]=（20\div106）\times10^{-3}=1.9\times10^{-4}（mo/L）$$
$$[C_a^{2+}][CO_3^{2-}]=2.5\times10^{-4}\times1.9\times10^{-4}=4.8\times10^{-8}$$

答：因求出的 $[C_a^{2+}][CO_3^{2-}]$ 的离子积为 4.8×10^{-8}，大于 $CaCO_3$ 的溶度积为 4.8×10^{-9}，所以会生成 $CaCO_3$ 沉淀。

Lb32D3061　在温度 t 为 30 ℃、压力 p 为 0.8 MPa 的条件下，$V=10\ m^3$ 的储氢罐中有 H_2 多少摩尔？

解：　　　　　　　　　　$T=t+273.15$

根据公式

$$n=\frac{pV}{RT}=\frac{0.8\times10^6\times10}{8.315\times(273.15+30)}$$
$$=\frac{8\times10^6}{2495.75}=3.2\times10^3（mol）$$

答：储氢罐中有 H_2 3.2×10^3 mol。

Lb32D3062　用湿度计测试气体湿度，干球湿度指示值 t_g 为 33 ℃，湿球温度指示值 t_s 为 25 ℃，K 值为 0.5，求气体的绝对湿度 A（湿球在 25 ℃时的绝对湿度 L_{ts} 为 23 g/m^3）。

解：根据公式

$$A=L_{ts}-K（t_g-t_s）$$
$$=23-0.5\times（33-25）$$
$$=23-4$$
$$=19（g/m^3）$$

答：气体的绝对湿度是 19 g/m^3。

Lb32D3063　氢冷机组中 H_2 经分析内含 O_2 量 C_0 为 1.5%，计算 N_2 的百分含量 C（电机漏入空气中的 O_2 的含量 C_1 为 0.3%，

空气中 N_2 含量 C_2 为 79.2%，空气中 O_2 的含量 C_3 为 20.8%）。

解：根据公式

$$C = (C_0 - C_1) \times \frac{C_2}{C_3}$$

$$= (1.5\% - 0.3\%) \times \frac{79.2}{20.8} \times 100\%$$

$$= 4.57\%$$

答：N_2 的百分含量为 4.57%。

Lb32D3064 试计算长度为 500 m、直径为 1.6 mm 的软铜线的电阻是多少？如果将将这根铜线两端接在 1.2 V 的直流电源上，问流过的电流为多少（电阻率 1/58 Ω·mm²/m）？

解：根据公式 $R = \rho L/S$，$S = \pi r^2$

则

$$R = \rho L/\pi r^2$$
$$= 1/58 \times 500 \div [3.14 \times (1.6 \div 2)^2]$$
$$= 4.3 \, (\Omega)$$

流过的电流 $I = U/R$

$$= 12 \div 4.3$$
$$= 2.79 \, (A)$$

答：铜钱的电阻为 4.3 Ω，流过的电流为 2.79 A。

Lb32D3065 用电器限流可以使一个 6.3 V、0.5 A 的灯泡接在 220 V 的工频交流电路中正常工作，问应串的电容器电容量为多大？

解：已知 $U = 220$ V，灯泡电流 $I = 0.5$ A，则

总电阻 $Z = U/I = 220 \div 0.5 = 440 \, (\Omega)$

小灯泡正常工作时电阻 $R = 6.3 \div 0.5 = 12.6 \, (\Omega)$

则电容容抗 $X_c = (Z^2 - R^2)^{1/2} = (440^2 - 12.6^2)^{1/2}$

$$= 439.8 \, \Omega$$

电容量 $C = 1 \div (2\pi f \times X_c)$

$\qquad = 1 \div (2 \times 3.14 \times 50 \times 439.8)$

$\qquad = 7.24 \ (\mu F)$

答：应串的电容器电容量为 7.24 μF。

Lb32D3066 有一星形连接的三相对称负荷，已知其各相电阻 $R_P = 6\ \Omega$，电感 $L = 25.5\text{mH}$，现把它接入线电压 $U_L = 380\ V$、$f = 50\ Hz$ 三相线路中，求通过每相负荷的电流及其取有的功率。

解：$U_P = U_L / \sqrt{3}\ = 380 \div \sqrt{3}\ = 220\ (V)$

$\qquad I_P = I_u = I_v = I_w = U_P / |Z_P|$

$\qquad\qquad = 220 \div [6^2 + (314 \times 25.5 \times 10^3)^2]^{1/2}$

$\qquad\qquad = 22\ (A)$

$\qquad\qquad\qquad \cos\varphi = R_P / |Z_P| = 6 \div 10 = 0.6$

$\qquad P = \sqrt{3}\ U_L I_L \cos\varphi = \sqrt{3} \times 380 \times 22 \times 0.6 = 8.7\ (kW)$

答：通过每相负荷的电流是 22 A，其取有的功率是 8.7 kW。

Lb32D3067 一台三相电力变压器，铭牌容量是 300 kVA，电压是 10/0.4 kV，组别是 Y/Y_0-12（Yyn0），问相电流是多少？如改为 $\Delta/\Delta-12$（Dd11）时，问相电流又是多少？

解：当接线为 Y/Y_0-12 时

$I_N = I_P = S / \sqrt{3}\ U_N = 300 \times 10^3 \div \sqrt{3} \times 10 \times 10 = 17.32\ (A)$

当改为 $\Delta/\Delta-12$ 接线时

$I_{e\Delta} = \sqrt{3}\ S / (\sqrt{3}\ U_e) = \sqrt{3} \times 300 \times 10^3 \div \sqrt{3} \times 10 \times 10 = 17.32 \times \sqrt{3}\ (A)$

$\qquad I_{P\Delta} = I_{N\Delta} / \sqrt{3}\ = 17.32 \times \sqrt{3}\ \div \sqrt{3}\ = 17.32\ (A)$

Lb32D3068 有一电路为三相电源，线电压等于 380 V，负荷是对称三相星形连接，电路中未接中线，如果运行某相导线突然断掉，试计算其余两相负荷的相电压。

解：设 U 相断线

$U_{N'N} = (E_V / Z + E_W / Z) \div (1/Z + 1/Z) = 1/2\ (E_V + E_W)$

$U_{VN'} = E_V - 1/2 \ (E_V + E_W) = 1/2 \ (E_V - E_W) = 190$（V）

即相电压的值为线电压一半，等于 190 V。

答：其余两相负荷的相压为 190 V。

Lb32D4069 100 Ω电阻与 10 μF 电容器串联，接在频率为 50Hz 的交流电路中，当电流为 0.6 A 时，求电阻两端电压、电容器两端电压和外加电压各为多少？

解：$X_C = 1/2\pi fc = 1 \div \ (2 \times 3.14 \times 50 \times 10 \times 10^{-6}) \approx 318.5$（Ω）

$Z = \ (R^2 + X_C^2)^{1/2} = \ (100^2 + 318.5^2)^{1/2} \approx 334$（Ωπ）

$U_R = IR = 0.6 \times 100 = 60$（V）

$U_C = IX_C = 0.6 \times 318.5 \approx 191$（V）

$U = IZ = 0.6 \times 334 \approx 200$（V）

答：电阻两端电压约为 60 V，电容器两端电压约为 191 V，外加电压约为 200 V。

Lb32D4070 一台单相交流电动机 U=220 V、I=3 A、$\cos\varphi$=0.8，试求其视在功率、有功功率和无功功率。

解：$S = UI = 220 \times 3 = 660$（VA）

$P = S\cos\varphi = 660 \times 0.8 = 528$（W）

$Q = S\sin\varphi = 660 \times 0.6 = 396$（var）

答：视在功率为 660 VA，有功功率为 528 W，无功功率为 396 var。

Lb32D4071 已知某电路两端的电压 $u = 220 \times \sqrt{2} \sin \ (314t + \pi/6)$ V，电流 $i = 0.22 \times \sqrt{2} \sin \ (314t - \pi/6)$ A，求：（1）电压和电流的有效值；（2）电压与电流的相位关系；（3）电路阻抗。

解：（1）电压有效值 $U = 220$ V，电流有效值 $I = 0.22$ A。

（2）相位关系为电压超前电流 π/3。

（3）阻抗 $Z = U/I = 220 \div 0.22 = 1000$（Ω）。

答：电压有效值为 220 V，电流有效值为 0.22 A；
相位关系为电压超前电流 $\pi/3$；阻抗 Z 为 1000 Ω。

Lb32D4072　1 mol O_2 和 1 mol H_2 混合后体积 V 为 20 L，
问在 25 ℃下混合气体压力 p 有多大，O_2 与 H_2 的分压力 p_1、p_2
等于多少？

解： 根据公式

$$p = n \times \frac{RT}{V} = （1+1）\times \frac{8.315 \times (25 + 273.15)}{20 \times 10^{-3}}$$

$$= 2.48 \times 10^5 （Pa）$$

$$p_1 = p_2 = \frac{n_i}{n} \times p = \frac{1}{2} \times 2.48 \times 10^5$$

$$= 1.24 \times 10^5 （Pa）$$

答： 在 25 ℃下混合气体压力为 2.48×10^5 Pa，H_2 和 O_2 的分
压力均为 1.24×10^5 Pa。

Lb32D4073　某用电器两端电压为 $U = 60\sin（314t+60°）$ V，
流过的电流为 $i = 2\sin（314t-30°）$ A，求：（1）用电器的电
压和电流有效值；（2）电压与电流的相位差；（3）用电器的
阻抗。

解：（1）电压有效值为 $\dfrac{60}{\sqrt{2}}$ V，电流有效值 $\dfrac{2}{\sqrt{2}}$ A。

（2）相位差为 90°。

（3）$Z = U/I = 30$（Ω）。

答： 用电器的电压有效值为 $\dfrac{60}{\sqrt{2}}$ V，电流有效值 $\dfrac{2}{\sqrt{2}}$ A；
电压与电流相位差为 90°；用电器的阻抗为 30 Ω。

Lb32D4074　在 380 V 三相星形电路中，每相电阻为 4 Ω，
感抗为 4 Ω，容抗为 1 Ω，试计算三相视在功率。

解：先求相阻抗

$$Z = [R^2 + (X_L - X_C)^2]^{1/2} = [4^2 + (4-1)^2]^{1/2} = 5 （\Omega）$$

再求相电流

$$I = u/Z = 220/5 = 44 （A）$$

所以视在功率为

$$S = 3 uI = 3 \times 220 \times 44 = 23.040 （kVA）$$

答：三相视在功率为23.040kVA。

Lb32D5075 在体积 V 为 50 L 的容积中，含有 $m_1=140$ g 的 CO_2 和 $m_2=20$ g 的 H_2，温度 T 为 300 K，求混合气体的总压力 p 和 CO_2、H_2 的分压 p_1、p_2（C、O、H 的原子量分别为 12、16、1）。

解：CO_2 的物质的量

$$n_1 = \frac{m_1}{n_1} = \frac{140}{44} = 3.18 （mol）$$

H_2 的物质的量

$$n_2 = \frac{m_2}{n_2} = \frac{20}{2} = 10 （mol）$$

$$p = \frac{nRT}{V} = （10+3.18） \times \frac{8.315 \times 300}{50 \times 10^{-3}}$$
$$= 6.58 \times 10^5 （Pa）$$
$$= 0.658 （MPa）$$
$$p_1 = \frac{3.18}{13.18} \times 658 \times 10^3$$
$$= 159 \times 10^3 （Pa）$$
$$= 0.159 （MPa）$$
$$p_2 = p - p_1 = （658-159） = 493 \times 10^3 （Pa）$$
$$= 0.493 （MPa）$$

答：混合气体的总压力为 0.658 MPa，CO_2 和 H_2 的分压力分别为 0.159 MPa、0.493 MPa。

Lb32D5076 两电阻并联，总电流 $I= 2$ A、$R_1 =300$ Ω、$R_2 =500$ Ω，求每个电阻中的电流和并联总电阻。

解：总电阻为

$$R =(R_1 \times R_2)\div(R_1 + R_2)$$
$$= (300\times500) \div (300+500)$$
$$= 187.5 （\Omega）$$

每个电阻中的电流分别为：

R_1 上的电流：$I_1 = I\times[R_2\div(R_1 + R_2)]$
$$= 2\times[500\div(300 + 500)]$$
$$= 1.25 （A）$$

R_2 上的电流：$I_2 = I\times[R_1\div(R_1 + R_2)]$
$$= 2\times[300\div(300 + 500)]$$
$$= 0.75 （A）$$

总电阻 R 上的电流：$I = I_1 + I_2 = 1.25 +0.75 = 2 （A）$

答：R_1 上的电流为 1.25 A，R_2 上的电流 0.75 A，总电阻 R 上的电流 2 A；总电阻 R 为 187.5 Ω。

Lb32D5077 有一电阻 R 和电感 L 串联电路。当电路采用直流 100 V 电源供电时，电路中的电流为 $I_1 = 10$ A，当改用 $f = 50$ Hz、电压为 100 V 的正弦交流电源供电时，电路中的电流为 $I_z = 5$ A，若忽略电源的内阻，试求电阻 R 和电感 L 的值各是多少？

解：$R = 100 \div I_1 = 100 \div 10 = 10 （\Omega）$
$$L=[(100/I_z)^2 - R^2]^{1/2}\div2\pi f$$
$$=[(100/5)^2 - 10^2]^{1/2}\div2\times3.14\times50$$
$$= 55.1 （mH）$$

答：电阻 R 为 10 Ω，电感 L 为 55.1 mH。

Lb32D5078 若每小时产 H_2 5 m³，须补充凝结水 400 kg，问电解槽运行了多少时间（已知此电解槽运行时每产生 1 m³

氢气需耗水 0.8 kg/m³）？

解：
$$\frac{400}{0.8\times5}=100（\text{h}）$$

答：电解槽运行了 100 h。

Lb32D5079 一台电解槽电压 U 为 44 V，电流 I 为 500 A，问运行 t=8 h 时用了多少电量 Q？

解：电解功率
$$P=UI=44\times500=2200（\text{W}）$$
$$=22（\text{kW}）$$
电解槽耗用电量
$$Q=Pt=22\times8=176（\text{kW}\cdot\text{h}）$$

答：运行 8 h 用电量为 176 kW·h。

Je5D1080 欲配制浓度为 350 g/L 的 KOH 电解液，假设电解系统的容积为 0.5 m³，问需要多少 KOH？

解：$0.35\times500=175（\text{kg}）$

答：需要 175 kg KOH。

Je5D1081 电解液中要加入 V_2O_5，按 C=0.2 g/L 的剂量加入，在 V=500 L 的电解液中要加入多少克 V_2O_5？

解：根据公式
$$m=CV=500\times0.2=100（\text{g}）$$

答：需加入 V_2O_5 100 g。

Je5D1082 储氢罐容积 V 为 10 m³，当压力 p 为 1 MPa 时，该储氢罐可储 H_2 多少立方米（在标准大气压 B=760 mmHg、温度 t=15 ℃条件下）？

解：根据公式
$$V_t=V\times p=10\times10=100（\text{m}^3）$$

答：该储氢罐储 H_2 为 100 m^3。

Je5D2083 计算图 D-1 中 R_2 的分压 U_2 的大小，其中，U=12V，R_1=16 Ω，R_2=45 Ω。

解：

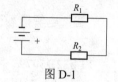

$$U_2 = \frac{UR_2}{R_1+R_2} = 12 \times \frac{4}{20} = 2.4 \ （V）$$

图 D-1

答：U_2 等于 2.4 V。

Je5D2084 溶质与溶液比为 1:10 的 H_2SO_4（浓）溶液（浓 H_2SO_4 密度为 1.84g/mL，含量 98%），其摩尔浓度 M 是多少？

解： 设溶质与溶液比为 1:10 的浓 H_2SO_4 溶液中含 H_2SO_4 x mol，则

$$x = 1.84 \times 98\% \times \frac{1000}{98} = 18 \ （mol/L）$$

$$18 \times 1 = M \times 11$$

$$M = \frac{18}{11} = 1.64 \ （mol/L）$$

答：1:10 的 H_2SO_4（浓）溶液的摩尔浓度为 1.64 mol/L。

Je4D1085 配备浓度为 30%（g/v）的 KOH 溶液 1 L，问需要 KOH 和水的质量 m_1、m_2 各为多少？

解： 设需要 KOH 的质量为 m_1，则

$$100:30 = 1000:m_1$$

$$m_1 = \frac{30 \times 1000}{100} = 300 \ （g）$$

$$m_2 = 1000 - 300 = 700 \ （mL）$$

答：需要 KOH 的质量为 300 g，H_2O 为 700 mL。

Je4D2086 在氢冷发电机内取一定量的 H_2，经测定 O_2 的含量 C_1 为 0.8%，CO_2 的含量 C_2 为 0.4%，求 H_2 的纯度 C 为多

少（供 H_2 含 $O_2$0.2%，N_2 的含量是 O_2 的 3.8 倍）？

解：因为供 H_2 中含 $O_2$0.2%，N_2 是 O_2 的 3.8 倍，所以 N_2 的含量为

$$C_3=（0.8\%-0.2\%）\times3.8\times100\%$$
$$=2.28\%$$

所以　　　　　$C=100\%-（C_1+C_2+C_3）$
$$=100\%-（0.8\%+0.4\%+2.28\%）$$
$$=100\%-3.48\%$$
$$=96.56\%$$

答：H_2 的纯度为 96.56%。

Je4D3087　如图 D-2 所示电路中，$I_{be}=2$ mA，晶体管的放大倍数 $\beta=70$，求 I_{ce} 为多少？

解：按下式计算

$$I_{ce}=I_{be}+I_{be}\times\beta=2+2\times70=142（mA）$$

答：I_{ce} 等于 142 mA。

Je4D3088　如图 D-3 所示，有一微安表，最大量限是 $I_0=100$ μA，内阻 R_e 为 1 kΩ，如果要改成量程 $I=10$ mA 的毫安表，其并联电阻 R 应改为多少？

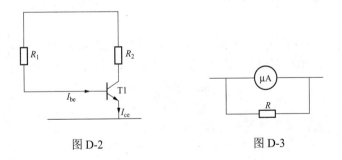

图 D-2　　　　　图 D-3

解：根据公式

$$I_R=I-I_0=9.9（mA）$$

145

$$U = IR = 0.1 \times 10^{-3} \times 10^{3} = 0.1 \text{（V）}$$

$$R = \frac{U}{I_R} = \frac{0.1}{9.9 \times 10^{-3}} = 10.1 \text{（Ω）}$$

答：并联电阻 R 应为 10.1 Ω。

Je4D3089 市售浓盐酸的比重为 1.19，其中，含 HCl37%。若配制体积 $V_1 = 500$ mL、摩尔浓度 $M_1 = 0.5$ mol/L 的 HCl 溶液，问需浓盐酸多少毫克？

解：浓盐酸的摩尔浓度 $M_2 = \dfrac{1.19 \times 37\% \times 1000}{36.5} \approx 12 \text{（mol/L）}$

因为 $\qquad\qquad\qquad M_1 V_1 = M_2 V_2$

所以 $\qquad V_2 = \dfrac{M_1 V_1}{M_2} = \dfrac{0.5 \times 500}{12} = 20.8 \text{（mL）}$

答：需要浓盐酸 20.8 mL。

Je4D3090 在标准状态下产生 1 m³ 的 H_2 和 0.5 m³ 的 O_2，理论上需要消耗的水量 m 是多少（已知 1 mol 气体在标准状态下为 22.4 L）？

解： $\qquad\qquad m = \dfrac{1000}{22.4} \times 18 = 804 \text{（g）}$

答：需要 804 g 水。

Je4D3091 若配制 0.5 mol/L 的 Na_2CO_3 溶液 500 mL，需要称取无水 Na_2CO_3 多少克？

解： $\qquad\qquad m = \dfrac{0.5 \times 500 \times 106}{1000} = 26.5 \text{（g）}$

答：需称取无水 Na_2CO_3 26.5 g。

Je4D3092 某发电机气体系统的容积 V 为 75 m³，当系统的压力升到 $p_1 = 0.1p$ 时，每小时下降 $p_2 = 0.002\,8p$，问 24 h 漏气

量ΔV是多少（额定运行氢压p为0.05，氢气泄漏量是空气的3.75倍）？

解：根据公式

$$\Delta V = 24 \times \frac{V \Delta p}{p_1 p_2} \times 3.75$$

$$\Delta V = \frac{0.002\,8 \times 75}{0.1 \div 0.05} \times 24 \times 3.75 = 9.4 \ (m^3)$$

答：24 h 漏气量为 9.4 m^3。

Je32D4093　当用压缩空气对发电机气体系统进行查漏气试验时，设发电机的充氢容积V=73 m^3，测试初始时机内氢压p_1=2280 mmHg，测试结束时氢气的压力p_2=2234 mmHg，测试初始时大气压力B_1=750.19 mmHg，测试结束时的大气压力B_2=748.69 mmHg，测试初始时机内平均氢温T_1=19.8 ℃，测试结束时机内平均氢温T_2=21.3 ℃，测试时间h=24 h。求：在标准大气压B=760 mmHg、温度t=15 ℃条件下，一天的漏气量L_s。

解：根据公式

$$L_s = \frac{V}{h} \times \frac{273+t}{B} \times 24 \times \left[\frac{p_1+B_1}{273+T_1} - \frac{p_2+B_2}{273+T_1} \right]$$

$$= 9.09 \times \frac{V}{h} \times \left[\frac{2280+750.19}{273+19.8} - \frac{2234+748.69}{273+21.3} \right]$$

$$= 27.648 \times (10.349 - 10.134)$$

$$= 27.648 \times 0.215$$

$$= 5.944 (m^3)$$

答：一天的漏气量为 5.944 m^3。

Je32D4094　试计算电解槽组装时端板外侧总长度。设端极板两块，每块 60 mm，极板组 29 块，每块 3 mm，中心隔膜框 1 块，每块 59 mm，PT 膜框 29 块，每块 32 mm，F4 绝缘垫

60 块，每块 4 mm，松散长 70 mm。

解：60×2+3×29+59+29×32+62×4+70=1504（mm）

答：总长度为 1504 mm。

Je32D4095 计划更换 DQ–4 电解槽的石棉布 15 块，预先裁成边长 480 mm 的正方形，计算其计划用量 Q_1 和有效用量 Q_2 各为多少（石棉框卯成后，直径 d 为 452 mm，精确到 0.1）？

解：$Q_1 = 0.48 \times 0.48 \times 15 = 3.5$（$m^2$）

$Q_2 = \dfrac{1}{4} \pi d^2 \times 15 = 0.785 \times 0.452^2 \times 15 = 2.4$（$m^2$）

答：计划用量为 3.5 m^2，有效用量为 2.4 m^2。

Je32D4096 把 $L=0.1$ H 的电感线圈接在 220 V、50 Hz 的交流电源上，求感抗 X_L 和电流 I 各为多少？

解：$X_L = 2\pi f L = 2\pi \times 50 \times 0.1 \approx 31.4$（$\Omega$）

$I = U/X_L = 220 \div 31.4 \approx 7$（A）

答：感抗 X_L 约为 31.4 Ω，电流 I 约为 7 A。

Je32D4097 有一台三相发电机，其每相电动势有效值为 220 V，试分别求出当三相绕组作星形连接和三角形连接的线电压和相电压。

解：在作星形连接时，电路有两种电压，即

相电压 $U_{YP}=220$（V）

线电压 $U_{YL} = \sqrt{3} \ U_{YP} = \sqrt{3} \times 220 = 380$（V）

在作三角形连接时

$$U_{\Delta P} = U_{\Delta L} = 220 \text{（V）}$$

答：作星形连接时的相电压为 220 V，线电压为 380 V；作三角形连接时的相电压和线电压均为 220 V。

Je32D4098 有一只电流表，其最大量程为 5000 μA，内阻为 300 Ω，若要把量程扩大为 2 A，求应并联多大电阻？

解：扩大倍数　$n = 2 \times 10^6 \div 5000 = 400$

并联电阻　$R' = r_0 / (n-1)$
$$= 300/(400-1)$$
$$\approx 0.75\ (\Omega)$$

答：应并联约 0.75 Ω 的电阻。

Je32D5099 将质量为 60 g 的 KOH 溶入 $V = 80$ mL 的蒸馏水中，KOH 溶液的百分比浓度 C 是多少？

解：根据公式求得蒸馏水的质量为
$$m = \rho V = 1 \times 80 = 80\ (g)$$
$$KOH\% = \frac{60}{60+80} \times 100\%$$
$$= 25\%$$

答：KOH 溶液的浓度为 25%。

Je32D5100 有一配制好的 KOH 溶液体积 $V = 250$ L，取样分析后测得其浓度 C_2 为 250 g/L，要使其浓度达到 $C_1 = 350$ g/L，还需多少 KOH？

解：根据公式
$$m = (C_1 - C_2) \times V$$
$$= (350-250) \times 250$$
$$= 25\ (kg)$$

答：还需加 KOH 25 kg。

4.1.5　绘图题

La5E1001　画出一球体带正电荷时，其周围分布的电力线。

答：如图 E-01 所示。

La5E1002　画出一球体带有负电荷时，其周围分布的电力线。

答：如图 E-02 所示。

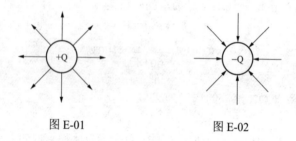

图 E-01　　　　　　　　　　图 E-02

La5E1003　画出电阻的图形符号。
答：如图 E-03 所示。

La5E1004　画出可变电阻的图形符号。
答：如图 E-04 所示。

图 E-03　　　　　　　　　　图 E-04

La5E1005　画出电位器的图形符号。
答：如图 E-05 所示。

La4E2006 画出一个简单的直流电路图。

答：如图 E-06 所示。

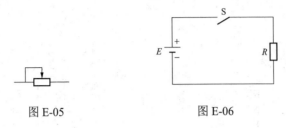

图 E-05   图 E-06

La4E3007 画出普通晶体二极管常用代表符号。

答：如图 E-07 所示。

La4E3008 画出可控硅常用代表符号。

答：如图 E-08 所示。

图 E-07   图 E-08

La4E3009 画出一个开关控制一盏白炽灯的接线图。

答：如图 E-09 所示。

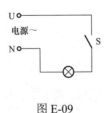

图 E-09

La4E3010 画出 $i=2\sin100\pi t$ 的波形图。

答：如图 E-10 所示。

La4E4011 画出压力调整器基本结构图。

答：如图 E-11 所示。

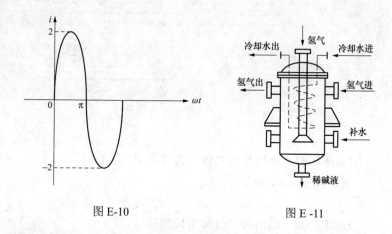

图 E-10

图 E -11

La4E4012 画出补水流程简图。

答：如图 E-12 所示。

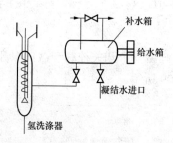

图 E-12

La4E4013 画出水电解制氢差压调节系统图。

答：如图 E-13 所示。

La4E4014 画出水电解制氢、氧液位调节器工作原理图。

答：如图 E-14 所示。

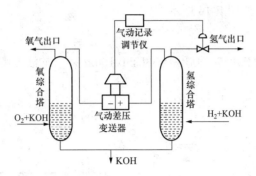

图 E-13

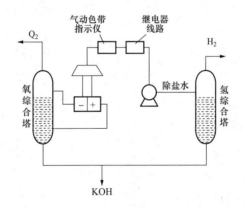

图 E-14

La32E2015 画出由稳压二极管构成的稳压电源电路图。

答：如图 E-15 所示。

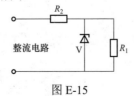

图 E-15

La32E3016 画出单线圈镇流器日光灯接线图。

答：如图 E-16 所示。

La32E3017 画出 $u=380\sin\left(100\pi t+\dfrac{\pi}{6}\right)$ 的波形图。

答：如图 E-17 所示。

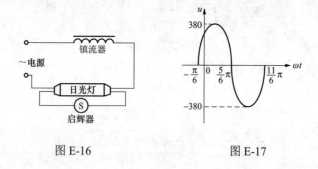

图 E-16   图 E-17

La32E4018 画出 X、Y、M 电子云示意图。

答：如图 E-18 所示。

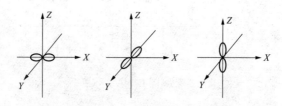

图 E-18

La32E4019 画出铜、锌原电池工作原理图。

答：如图 E-19 所示。

La32E4020 画出氢气洗涤器结构图。

答：如图 E-20 所示。

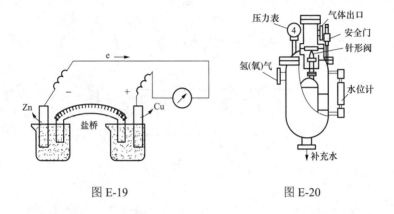

图 E-19   图 E-20

La32E4021　画出水电解制氢槽温调节结构原理图。
答：如图 E-21 所示。

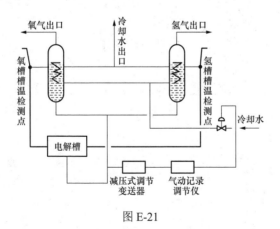

图 E-21

Lb5E1022　画出氢站电解液配液流程图。
答：如图 E-22 所示。

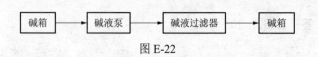

图 E-22

Lb5E1023 画出制氢站补水流程图。

答：如图 E-23 所示。

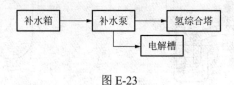

图 E-23

Lb5E2024 画出两个分别带有正电荷的球体，相互接近时的电力线。

答：如图 E-24 所示。

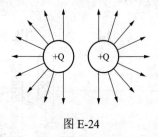

图 E-24

Lb5E2025 画出电容元件的图形符号。

答：如图 E-25 所示。

Lb5E2026 画出电感线圈的图形符号。

答：如图 E-26 所示。

图 E-25　　　　　　　　　　图 E-26

Lb5E2027　画出带有铁芯的电感线圈的图形符号。

答：如图 E-27 所示。

Lb5E2028　画出直流发电机常用代表符号。

答：如图 E-28 所示。

Lb5E2029　画出交流发电机常用代表符号。

答：如图 E-29 所示。

图 E-27　　　　　图 E-28　　　　　图 E-29

Lb5E2030　画出碱液循环主要途径示意图。

答：如图 E-30 所示。

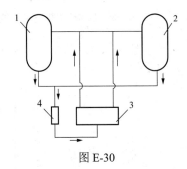

图 E-30

1—氢分离器；2—氧分离器；3—电解槽；4—碱液过滤器

Lb4E1031　画出制氢站电解液循环流程方块图。

答：如图 E-31 所示。

Lb4E1032　画出制氢站冷却水流程图。

答：如图 E-32 所示。

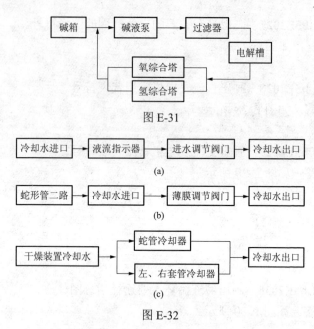

图 E-31

图 E-32

（a）冷却可控整流柜；（b）氢、氧综合塔；（c）干燥装置

Lb4E2033 画出制氢站补水系统调节图。

答：如图 E-33 所示。

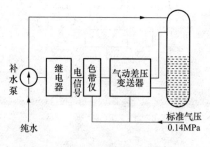

图 E-33

Lb4E2034 画出电解饱和食盐水实验装置图。

答：如图 E-34 所示。

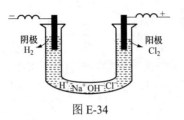

图 E-34

Lb4E2035 画出制氢站氢气流程图。

答：如图 E-35 所示。

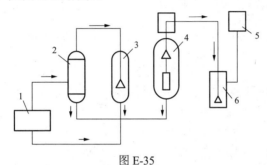

图 E-35

1—电解槽；2—分离器；3—洗涤器；4—压力调整器；

5—水封；6—挡火器

Lb4E3036 画出制氢装置槽压调节系统图。

答：如图 E-36 所示。

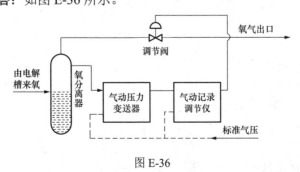

图 E-36

Lb4E3037 画出简单的全电路电流回路图。

答：如图 E-37 所示。

Lb4E3038 画出两个电阻元件串联的接线图。

答：如图 E-38 所示。

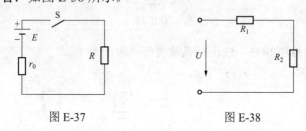

图 E-37   图 E-38

Lb4E3039 画出两个电阻元件并联的接线图。

答：如图 E-39 所示。

Lb4E4040 画出单向桥式整流电路图。

答：如图 E-40 所示。

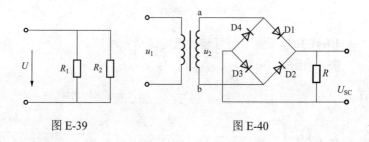

图 E-39   图 E-40

Lb4E4041 根据图 E-41（a），画出 u_{SC}、u_{SCR} 的波形图。

答：如图 E-41（b）、（c）所示。

Lb4E5042 画出制氢站制氧系统图。

答：如图 E-42 所示。

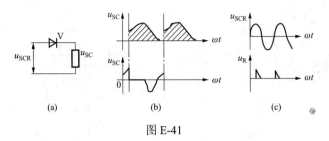

图 E-41

（a）电路图；（b）u_{SC} 的波形图；（c）u_{SCR} 的波形图

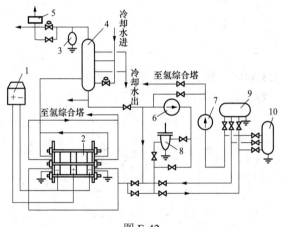

图 E-42

1—整流柜；2—电解槽；3—排水器；4—氢综合塔；5—阻火器；

6—碱泵；7—补水泵；8—碱过滤器；9—碱箱；10—补水箱

Lb4E5043　画出氢气冷却器结构图。

答：如图 E-43 所示。

Lb4E5044　画出氢气分离器结构图。

答：如图 E-44 所示。

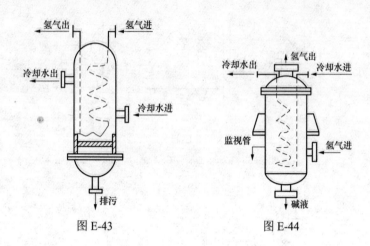

图 E-43   图 E-44

Lb32E3045 画出制氢站制氢系统图。

答：如图 E-45 所示。

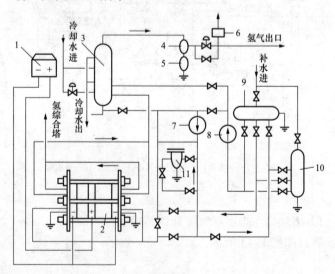

图 E-45

1—整流柜；2—电解槽；3—氢综合塔；4—气水分离器；5—排水器；6—阻火器；

7—碱泵；8—补水泵；9—补水箱；10—碱箱；11—碱过滤器

Lb32E4046　画出氢综合塔与氧综合塔的液位调节系统图。

答：如图 E-46 所示。

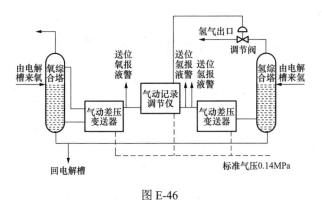

图 E-46

Lb32E4047　画出阴（阳）端极结构图。

答：如图 E-47 所示。

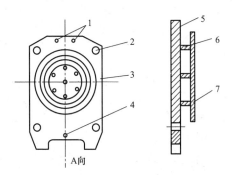

图 E-47

1—H_2、O_2 气道孔；2—拉紧螺栓孔；3—端极板；4—碱液孔；

5—密封线；6—支承柱；7—阴阳电极

Lb32E4048 画出电解液导电率与温度的关系图。

答：如图 E-48 所示。

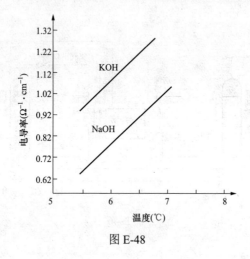

图 E-48

Lb32E4049 画出电解质浓度与导电率的关系图。

答：如图 E-49 所示。

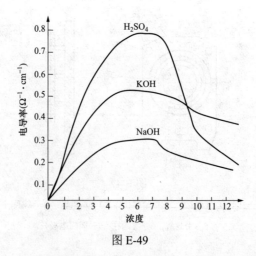

图 E-49

Lb32E4050 画出电解质离子通电前后的移动方向示意图。

答：如图 E-50 所示。

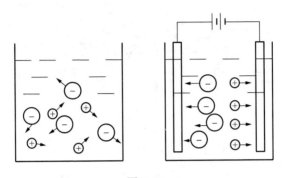

图 E-50

Lb32E4051 画出钾离子使水分子产生极性方向图。

答：如图 E-51 所示。

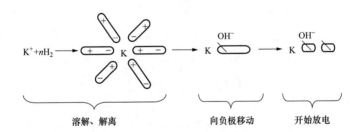

图 E-51

Lb32E5052 画出发电机氢冷系统图。

答：如图 E-52 所示。

Lb32E5053 画出气动压力变送器结构图。

答：如图 E-53 所示。

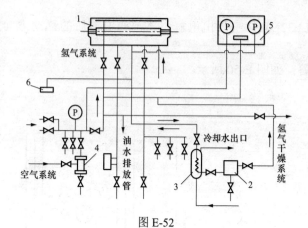

图 E-52

1—发电机；2—氢气干燥器；3—氢气冷却器；

4—空气干燥器；5—氢氧纯度表；6—氢气比度表

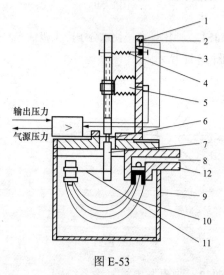

图 E-53

1—顶针；2—挡板；3—喷嘴；4—调零弹簧；5—反馈波纹管；6—支点膜片；

7—主杠杆；8—测量信号；9—罩；10—弹簧管；11—拉杆；12—接头

Lb32E5054 画出气动压力变送器工作原理图。

答：如图 E-54 所示。

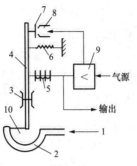

图 E-54

1—测量信号；2—弹簧管；3—支点膜片；4—主杠杆；5—反馈波纹管；

6—调零弹簧；7—挡板；8—喷嘴；9—放大器；10—拉杆

Lc5E2055 画出控制气仪表气源图。

答：如图 E-55 所示。

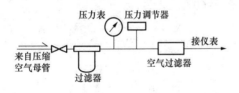

图 E-55

Lc5E2056 画出电压源的图形符号。

答：如图 E-56 所示。

Lc5E3057 画出电流源的图形符号。

答：如图 E-57 所示。

图 E-56   图 E-57

Lc5E3058 画出直流电源的图形符号。

答：如图 E-58 所示。

Lc5E3059 画出氢气的水封结构图。

答：如图 E-59 所示。

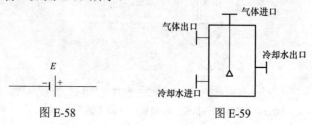

图 E-58

图 E-59

Lc5E3060 画出电解槽压力调节系统图。

答：如图 E-60 所示。

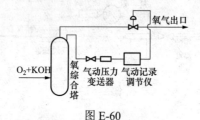

图 E-60

Lc5E3061 画出制氢站氢气系统设备简图。

答：如图 E-61 所示。

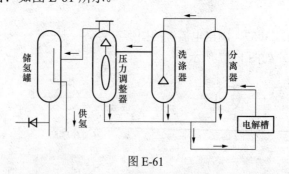

图 E-61

Lc4E3062 画出冷凝式氢气干燥器结构图。

答：如图 E-62 所示。

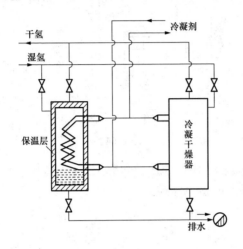

图 E-62

Lc4E3063 画出制氢站氢气流程图。

答：如图 E-63 所示。

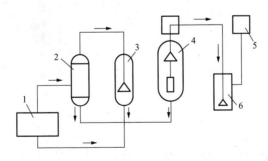

图 E-63

1—电解槽；2—分离器；3—洗涤器；4—压力调整器；5—水封；6—挡火器

Lc32E3064 画出水电解制氢差压调节系统图。

答：如图 E-64 所示。

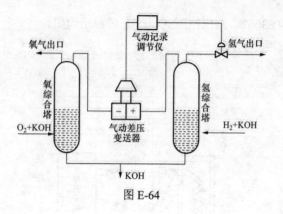

图 E-64

Lc32E3065 画出水电解制氢、氧液位调节器工作原理图。
答：如图 E-65 所示。

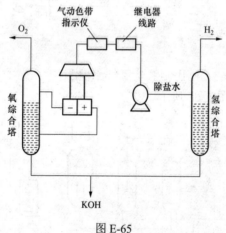

图 E-65

Lc32E3066 画出气动差压变送器工作原理图。
答：如图 E-66 所示。

Lc32E4067 画出气动压力温度变送器工作原理图。
答：如图 E-67 所示。

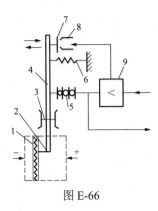

图 E-66

1—膜盒；2—膜盒与主杠杆接点；3—主杠杆支点；4—主杠杆；5—反馈波纹管；

6—调零弹簧；7—挡板；8—喷嘴；9—放大器

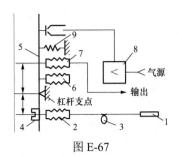

图 E-67

1—温包；2—波纹管；3—毛细管；4—调零螺丝；5—杠杆；6—补偿波纹管；

7—反馈波纹管；8—放大器；9—弹簧组件

Lc32E4068 画出水电解制氢槽压调节工作原理图。

答：如图 E-68 所示。

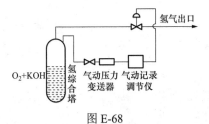

图 E-68

Lc32E5069 画出极板组结构图。

答：如图 E-69 所示。

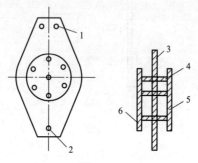

图 E-69

1—H_2、O_2 气道孔；2—碱液孔；3—主极板；4—支承柱；5—阳极板；6—阴极板

Lc32E5070 画出制氢站氢氧流程图。

答：如图 E-70 所示。

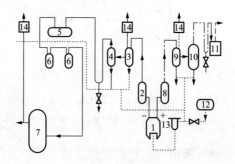

图 E-70

1—电解槽；2—氢侧分离器；3—氢侧洗涤器；4—氢侧压力调节器；5—平衡箱；

6—冷却器；7—储氢罐；8—氢侧分离器；9—氧侧洗涤器；10—氧侧压力调节器；

11—氧侧水封槽；12—碱液箱；13—碱液过滤器；14—挡火器

Lc32E5071 画出气动压力变送器结构图。

答：如图 E-71 所示。

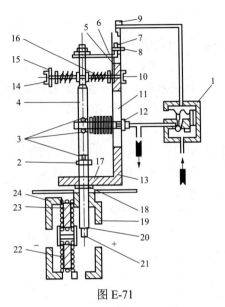

图 E-71

1—放大器；2—调静压误差螺钉；3、7、12—螺钉；4、11—杠杆；

5、19—挡板；6—顶针架；8—顶针；9—喷嘴；10、14—调节螺栓；

13—支架；15、16—调零螺栓；17—密封片；18、23—密封环；

20—正压室；21—特殊螺母；22—膜盒；24—负压室

4.1.6 论述题

La5F1001 试述水电解制氢运行准备阶段的保安要求。

答:(1)开车前要清除场地和电解槽上的金属物、易爆物和其他杂物。

(2)配备充足的灭火器材,并保持在随时可用状态。

(3)气罐或气柜在充装前做好气体置换,达到充装标准。

(4)各阀门缝隙要严密,冷却水要通畅,信号系统要好,分析仪器完备,氮气充足,其他相关设备处于良好状态。

(5)启动前对系统进行取样分析,氢系统内含氧量小于1%,氧系统内含氢量小于0.1%,为合格。

(6)操作人员应经过培训、考核,合格后方能上岗操作。

(7)电解液的配制应符合技术规范。

La5F1002 试述水电解制氢运行阶段的保安要求。

答:(1)开车前检查电解槽对地绝缘,开车后定期检查框间电压分布、片间电压分布、相邻框片间电压分布;对于氢、氧和碱液管道从槽件中间引出的电解槽,要测中间框对接地极电位差,以确保无短路现象。

(2)气体产出后,要先进行气体爆鸣试验,然后再分析气体纯度,待气体纯度合格,并重复两次以上,才能将气体送入气罐或其他用户。

(3)电解槽及所有辅助设备和有关设备的运行参数必须在规定范围内。

(4)定时分析电解液浓度和杂质含量,检查电解槽的电源、电压、分离器、洗涤器和压力调整器的工作是否正常。随时监视电解槽的液位,连续补充无离子水,严防液位过低使电解槽内出现气体空间,造成氢、氧气混合;严防液位过高增加气体排出阻力,甚至导致氢、氧两侧压力不平衡,导致氢、氧气互相渗透。

（5）电解槽应保持正常的工作压力，当出现压差较大时，应及时查明原因，并进行处理。

（6）操作人员应按规定着装，按规程操作，不得擅离职守，金属工具（铜工具除外）、物品等不得带入室内。

La4F2003 试述氢冷汽轮发电机运行工况的保安要求。

答：（1）氢冷汽轮发电机机房应在门口明显处设立"氢气危险，严禁烟火"警告牌。

（2）氢冷发电机组的氢冷系统的氢气纯度及含氧量，必须在运行中按规定要求进行化验分析，氢气的纯度应不低于96%，含氧量不得超过 2%，要经常分析机组主油箱及油气分离器的气体，防止含氧量过高，引起爆炸。

（3）氢冷发电机的轴封必须严密，密封油油压必须按规定大于氢压。发电机开始转动时，无论有无充氢，都必须确保密封油系统的正常供油，不得中断，以防空气窜入发电机内，引起爆炸。

（4）机组应按运行规程规定的压差运行，即油压必须高于氢压，防止氢气窜入油系统主油箱，引起主油箱爆炸着火。机组不得任意提高氢压运行，需提高氢压时，必须经总工程师批准，并落实防爆安全措施。

（5）改变氢冷系统运行方式，如置换冷却介质或提高氢压等，应按有关规定执行。必须由有关领导或工程技术人员在场监护，防止误操作。在置换过程中应认真取样和准确化验，防止错误判断，引起爆炸。

（6）氢冷发电机的排气管必须接至室外，出口应远离明火作业区，并设置固定遮栏。排气管的排气能力应与汽轮机破坏真空之后的盘车时间相配合。在排氢时，应缓慢开启排污门，防止排氢过快而产生静电放电，引起爆炸着火。

（7）氢冷发电机运行中如发现漏氢，应降低氢压运行，并采取措施消除泄漏。当氢冷发电机发生爆炸着火时，应迅速切断电源、氢源，使发电机解列停机，并启用二氧化碳系统进行灭火。外部着火可用二氧化碳灭火器、1211 灭火器、干粉灭火器进行灭火。

（8）当主油箱排油烟机停止运行时，必须将主油箱上部的透气孔盖全部打开，并严密加强监视。

（9）检查氢冷系统有无泄漏，应使用仪器或肥皂水，严禁使用明火查漏。氢冷管道阀门及设备发生结冻时，应用蒸汽或热水解冻，严禁用火烤，以防发生危险。

La4F2004　试述水电解制氢检修阶段的保安要求。

答：（1）氢冷设备及氢气管道进行动火检修时，事先必须经总工程师批准，办理一级动火工作票，并采取严密防火防爆措施后才能动火。

（2）氢冷系统和制氢设备进行检修前，必须将检修部分与相连的运行部分隔离，并加装挡板遮挡，拆卸氢冷系统和制氢设备部件应使用铜质工具，若使用钢制工具应在工具表面涂上黄油，以防产生火花。

（3）动火前，应对检修的设备和管道用氮气进行置换，然后进行测定，并经过含氧测定，确认无爆炸危险后，才能动火。

（4）动火前，应对危险区域附近的管道法兰进行探漏，消除泄漏后，用石棉包裹管道法兰。

（5）动火前，应对危险区域附近的氢管道的周围，用鼓风机进行强迫通风，但风机与电源开关应采用防爆型，危险区域的照明，应采用防爆灯具。

（6）同时执行其他防火、防爆现象。

La4F2005　氨水为什么具有碱的通性（写出氨水与硫酸、硫酸铝溶液、CO_2 反应方程式）？

答：氨水是氨气（NH_3）的水溶液，是一种弱碱。氨水中存在 NH_4^+ 与 OH^- 离子，所以氨水具有碱的通性。

反应方程式分别为：

$2NH_3 \cdot H_2O+H_2SO_4=(NH_4)_2SO_4+2H_2O$

$6NH_3 \cdot H_2O+Al_2(SO_4)_3=2Al(OH)_3\downarrow+3(NH_4)_2SO_4$

$NH_3 \cdot H_2O+CO_2=NH_4HCO_3$

La4F2006　可控硅为什么一般不用普通熔断器进行过流保护？

答：普通熔断器熔断时间较长，可能在可控硅烧坏之后熔断器还未熔断，这样就起不了保护作用，因此必须用专用于保护可控硅元件的快速熔断器，在同样过电流倍数之下，它可以在可控硅损坏之前熔断，从而达到保护可控硅的目的。

La4F2007　容量法测定碱度的原理是什么？

答：水的碱度是指水中含有能接受氢离子的物质的量。例如氢氧根、碳酸盐、重碳酸盐等，都是水中常见的碱性物质，它们都能与酸进行反应。因此，可用适宜的指示剂以标准酸溶液对其进行滴定。碱度可分为酚酞碱度和全碱度两种。酚酞碱度是以酚酞作指示剂时所测出的量，其滴定终点的 pH 值约为 8.3；全碱度是以甲基橙作指示剂时测出的量，滴定终点的 pH 值约为 $4.2\sim4.4$，若碱度很小（以凝结水），全碱度宜以甲基橙—亚甲基蓝作指示剂，滴定终点的 pH 值约为 5.0。

以酚酞作指示剂时，滴定反应如下：

$OH^-+H^+=H_2O$（pH=8.3 时，反应完全）

$CO_3^{2-}+H^+=HCO_3^-$（pH=8.3 时，反应完全）

再以甲基橙（或甲基红—亚甲基蓝）作指示剂，继续滴定时反应如下：

$HCO_3^-+H^+=CO_2\uparrow+H_2O$（反应完全）

腐殖酸盐$+H^+\longrightarrow$腐殖酸

La4F2008 论述 CO_2 和 O_2 的测定原理。

答： CO_2 和 O_2 的测定是利用 KOH 和焦性没食子酸钾对它们的选择性吸收来实现的。使气体通过上述两种溶液，在温度和压力不变的情况下，测定气体吸收前后的体积差，然后计算其含量。

（1）以 KOH 为吸收剂，吸收气样中的 CO_2，其反应方程式为 $2KOH+CO_2=K_2CO_3+H_2O$。

（2）因电解所得的产物为 H_2 和 O_2，所以通过测定 O_2 含量的方法，可以计算出 H_2 的纯度，故采用焦性没食子酸的碱溶液吸收气样中的氧，其反应如下：

$$C_6H_3(OH)_3+3KOH=C_6H_3(OK)_3+3H_2O$$

$$2C_6H_3(OK)_3+\frac{1}{2}O_2=(KO)_3C_6H_2—C_6H_2(OK)_3+H_2O$$

La32F3009 试述水电解制氢设备安装阶段的保安要求。

答：（1）严格按规定组装设备部件。组装前必须清除零部件的泥、锈、油污，液体和气体导管必须吹通、洗净，以防杂质进入设备，清洗中使用有机溶剂时要注意防火。

（2）检查石棉隔膜和石棉橡胶绝缘垫是否完整有效，技术要求是否达到标准，保证密封和绝缘。

（3）电解槽组装时，一定要按电源正负极排列，不可装反，要严防异物，特别要防止金属物落入电解槽。

（4）对所有的绝缘体，均应做绝缘试验，电解槽对地电阻要大于 $1\ M\Omega$，极片间电阻要大于 $100\ \Omega$。

（5）电解系统组装后应按技术要求和有关规定进行水压试验和气密试验，各项指标、参数必须符合规定。

Lb5F1010 试述中间介质的质量标准。

答：（1）用二氧化碳作为中间介质时，气体纯度按容积计不得低于 98%；水分的含量按质量计不得大于 0.1%。

（2）用氮气作为中间介质时，氮气的纯度按容积计不得低于 97.5%，水分的含量按质量计不得大于 0.1%。

（3）中间介质不得含有带腐蚀性的杂质。

Lb5F1011　试述氢冷发电机的工作原理。

答：氢冷发电机的工作原理是：用一定数量的氢气在发电机密封冷却系统中循环，吸收发电机转子和定子的热量，然后用冷却水冷却氢气，冷却后的氢气又重新回到发电机中，如此不断循环。

Lb5F1012　试述氢冷发电机氢气置换必须用中间气体的原因。

答：氢气和空气的混合物是一种危险的气体，在有火种或高温情况下易发生爆炸，严重时会造成人身伤亡或设备损坏等恶性事故。因此，氢冷发电机在由运行转为检修后投入运行的过程中，必须使用中间气体进行置换，避免空气和氢气相互接触。

Lb5F1013　试述发电机水氢氢冷却的概念。

答：发电机采用水氢氢冷却方式，即定子绕组水内冷，转子绕组氢内冷（槽部为气隙，取气斜流通风方式，端部为两路通风方式），铁芯及端部结构件氢外冷。

Lb5F1014　试述发电机气体置换时的注意事项。

答：发电机置换气体应在转子静止或盘车状态下进行，发电机转动或充气时，必须保证密封瓦的供油，油压一般应比发电机内部气体压力高 0.03～0.06 MPa。为了减少气体消耗，在置换时发电机壳体内可保持较低压力，但最低压力值不得小于 0.003 MPa。

Lb5F2015 为什么规定发电机定子冷却水水压比氢压低
0.049 MPa？

答：国产 300 MW 机组的发电机为水氢氢冷却方式，铁芯
氢冷，定子绕组水内冷，转子绕组氢内冷，其水冷铜管是嵌在
定子线棒之间的。氢压高于水压，则铜管受压应力，铜管破裂
时水不致于外漏。如水压高于氢压，则铜管受拉应力，一般金
属材料受压应力比拉应力允许数值大得多，故一般冷却水压比
氢压低 0.049 MPa。

Lb5F2016 综合分析发电机、励磁机着火及氢气爆炸的特
征、原因及处理方法。

答：发电机、励磁机着火及氢气爆炸的特征有：
（1）发电机周围发现明火。
（2）发电机定子铁芯、绕组温度急剧上升。
（3）发电机巨响，有油烟喷出。
（4）发电机进、出风温突增，氢压增大。
发电机、励磁机着火及氢气爆炸的原因有：
（1）发电机氢冷系统漏氢气并遇有明火。
（2）机械部分碰撞及摩擦产生火花。
（3）氢气纯度低于标准纯度（96%）。
（4）达到氢气自燃温度。
发电机、励磁机着火及氢气爆炸时应作如下处理：
（1）发电机、励磁机内部着火及氢气爆炸时，司机应立即
破坏真空紧急停机。
（2）关闭补氢阀门，停止补氢。
（3）通知电气值班员排氢气，用二氧化碳进行置换。
（4）及时调整密封油压至规定值。

Lb5F2017 试述发电机冷却设备的作用。
答：汽轮发电机运行时和其他电机一样要产生能量损耗，

主要为涡流损失。这部分损耗功率在电机内部转变成热量，使电机转子和定子绕组发热。为了不使发电机绕组绝缘材料的特性因温度过高而降低，引起绝缘损坏，必须不断地排出这些由于损耗而产生的热量，发电机冷却设备的作用就在于此。

Lb5F2018 试述发电机冷却的几种方式，冷却介质的总类及氢冷发电机的总类。

答：发电机的冷却方式分外部冷却和内部冷却两种。冷却介质不通过发热体内部，而是流经发热体外部表面的冷却方式叫外部冷却；冷却介质在发热体内部流通的冷却方式叫内部冷却。

发电机的冷却介质有气体和液体两种。气体冷却用空气或氢气；液体冷却用水或变压器油等。

以空气作冷却流体的发电机叫空冷发电机；以氢气作冷却流体的发电机叫氢冷发电机；定子和转子导线内均通入冷却水进行冷却的发电机叫双水内冷发电机，铁芯氢冷，转子氢内冷，定子绕组水内冷的称作水氢氢冷却发电机。

Lb5F3019 当直流电通过氢氧化钾或氢氧化钠的水溶液时，在阴阳极上分别发生哪些反应？

答：（1）在阴极上电解池中的 H^+（水电离后产生的）受阴极的吸引而移向阴极，最后接收电子而析出 H_2，其放电反应方程式为 $4H^+ + 4e = 2H_2\uparrow$。

（2）在阳极上电解池中的 OH^- 受阳极的吸引而向阳极移动，最后放出电子而生成水和氧气，其反应方程式为 $4OH^- - 4e = 2H_2O + O_2\uparrow$。

Lb5F3020 试述对电解质的一般技术要求。

答：电解水时，电解质的选择是很重要的，既要考虑其水溶液的电导率、稳定性、腐蚀性，又要考虑到其经济性等综合因素，一般要求有如下几点：

（1）离子传导性能高。

（2）在电解电压下能够分解。

（3）在综合条件下不因挥发而与氢氧一并逸出。

（4）操作条件下对电解池的有关材料无强的腐蚀。

（5）溶液 pH 值变化时，具有阻止其变化的缓冲性。

Lb5F3021　发电机冷却介质的置换为什么要用二氧化碳作中间气体？

答：氢气与氧气混合能形成爆炸气体，遇到明火即能引起爆炸。二氧化碳气体是一种惰性气体，二氧化碳与氢气混合或二氧化碳与空气混合不会产生爆炸性气体，所以发电机的冷却介质的置换首先向发电机内充二氧化碳驱走空气，避免空气和氢气接触而产生爆炸性气体。

二氧化碳制取方便，成本低，二氧化碳的传热系数是空气的 1.132 倍，在置换过程中，效果比氮气好。另外，用二氧化碳作为中间介质还有利于防火。

Lb5F3022　为什么选择氢氧化钠、氢氧化钾作为电解质？

答：氢氧化钠、氢氧化钾的电导率较好，对钢或镀镍电极的稳定性好，对电解槽的腐蚀性小。而其他大多数盐类在电解时，常因被分解而不能使用，因此不宜采用。目前一般采用氢氧化钾或氢氧化钠碱溶液作为水电解制氢的电解质。

Lb5F3023　试述水电解制氢的基本原理（写出电解制氢的电化学方程式）。

答：水的分子式中含有两个 H 原子和一个 O 原子，因为纯水的电离度很小，导电能力极差，加入电解质（KOH），再在这种电解液中插入一对电极，中间隔以防止气体渗透的隔膜，就构成了电解池，通入一定电压的直流电，水就发生分解，产

生 H_2 和 O_2。其方程式为：$2H_2O \xrightarrow{\text{电解}} 2H_2\uparrow$（阴极）$+O_2\uparrow$（阳极）。

Lb5F3024 为什么用氢气作为发电机冷却介质比用空气好？

答：用氢气作为发电机冷却介质主要有以下优点：

（1）由于氢气的密度是空气的 2/29，使发电机转子在转动过程中所受到的阻力相应比空气减少 10～14.5 倍，从而使机械热损失减小，机组容量增加，并能使电机的风扇成比例减小。

（2）由于氢气的热导率比空气约大 7 倍，发电机冷却效果增强，约比空气冷却的温差小 10 ℃。

（3）氢气比空气纯净，不会把灰尘等污物带到线圈内，造成短路。

（4）氢气扩散速度快，不易在绝缘体表面产生电晕现象，从而减弱了绝缘材料的老化。

Lb5F3025 试述氢气质量分析的重要性。

答：分析氢气中杂质含量在氢气生产过程中占有很重要的地位，它不仅关系气体的质量，而且关系到氢气生产甚至整个工厂的安全。运行中氢冷发电机的氢气质量分析结果是否正确，直接影响到发电机的安全发电和经济指标；置换过程中的氢气质量分析也尤为重要，发生误差会有爆炸混合气体的存在，在检修过程中，就有发生爆炸可能，严重威胁工厂和人身安全。为此，必须要有严格的分析制度，配备必要的分析仪器和设备，随着工业生产的发展，对氢气生产的分析检验要求更高，这不仅要有准确可靠、操作方便的分析方法，还要有结构简单、灵敏度高、稳定性好的分析仪器。只有严格地进行氢气生产过程中的氢气纯度分析监督，才能绝对保证整个生产过程的安全。

Lb5F3026 论述氢气中微量氧分析使用最广泛的"吸收法"原理,并说明其常用的碱性溶液及其化学性质是什么。

答:其原理是选用适当的吸收液,把氢气中的氧吸收,气体体积随之减少,根据体积的减少,便可得出氢中氧的含量。通常采用的是焦性没食子酸的碱性溶液,它是一种强还原剂,但不能在温度低于 15 ℃时操作。对于含有高浓度的氧(含氧40%~50%以上)的气体,焦性没食子酸溶液则按吸收氧量的多少而放出二氧化碳,因此焦性没食子酸的碱性溶液不能直接用于纯氧的分析测定。

Lb5F4027 论述水电解制氢设备大修后的压力试验方式、试验压力和试验时间。

答:电解槽大修结束后,采用两种试验方式,即水压试验和气压试验,水压试验为常压的 1.5 倍,即 0.8×1.5= 1.2 MPa,气压试验为常压的 1.25 倍,为 0.8×1.25= 1 MPa,通常采用前者进行压力试验,水压试验有利于检查某部位的泄漏及泄漏的量,以便于分析导线泄漏原因,水压试验时间为 15 min。

H_2、O_2 分离器,H_2、O_2 洗涤器,H_2、O_2 压力调整器,给水箱和冷却器采用 1.5 MPa 的水压试验,历时 15 min 无渗漏,气压试验 1.0 MPa,历时 1 h 无漏气。H_2、O_2 压力调整器做水压试验时,应拆下安全门,并把管口封死。

H_2、O_2 储氢罐采用水压试验 1.5 MPa,历时 30 min 无渗漏,试验时应拆下安全门,并把管口封死。

Lb5F4028 论述水电解制氢电解槽的运行和维护要点。

答:(1)氢、氧压力调整器液位始终保持在规定范围内。

(2)经常检查,并保持氢氧两侧的压力平衡。

(3)调节分离器内冷却水量,使电解液的温度保持在规定范围。

(4)每周检查一次电解槽的隔间电压,每次测量最好保持恒定的电解液温度及电流密度，以便于比较（正常情况下各电解池的电压分布是平稳的）。

（5）每 2 h 进行一次手动分析氢氧纯度，如没有自动分析仪时，则 4 h 进行一次人工分析。

（6）每周检查一次电解液浓度。

（7）定期清洗过滤器，保证槽内电解液正常循环。

（8）随时调节电解槽的电流强度，使产气量满足生产需要。

Lb5F4029　水氢氢冷却的发电机，定子内冷水箱如何换水？

答：先开启冷却水箱补水旁路门，再开启冷却水箱放水门，保持水箱水位为水位计的 2/3，直到冷却水箱的水质合格，关闭冷却水箱放水门及补水旁路门。也可开启冷却水箱放水门，将冷却水箱水位放至 1/2 处，关闭放水门；然后开启冷却水箱补水旁路门，补至正常水位；反复几次换水后，直至水质合格。这是比较经济的换水方法。

Lb5F4030　论述氢气作为发电机冷却介质的优缺点。

答：优点：氢气比重小，通风损耗小，可提高发电机效率，氢气扩散性强，可大大提高传热能力和散热能力，氢气比较纯净，不易氧化，发生电晕时不产生臭氧，对发电机绝缘起保护作用，氢气不助燃。

缺点：需要一套复杂的制氢设备和气体置换系统，由于氢气渗透力强，对密封要求高，并且要求有一套密封油系统，增加了运行操作和维护的工作量，氢气是易燃的，有着火的危险，遇到电弧和明火，就会燃烧，氢气与空气（或氧气）混合到一定比例时，遇火将发生爆炸，威胁发电机的运行安全。

Lb5F4031　试述防止电解槽和极板腐蚀所采取的措施。

答：为了防止电解槽和极板（特别是阳极板）的腐蚀，一方面在电极上镀上一层镍作保护层，另一方面在电解液中以 2 g/L 的浓度加入五氧化二矾。另外，还要严格要求电解质和补充水的质量，尽量减少杂质，同时注意运行时的温度不得太高，碱液浓度不宜过大等。

Lb5F4032　试述主密封油泵发生故障后的处理方法。

答：当主密封油泵故障后，查事故交流（直流）密封油泵是否自动投入运行，如未启动成功（或故障），应检查汽轮机调整油（或润滑油）的自动控制系统是否自动投入，如不能自动投入，应迅速打开调整装置的旁路门，手动调整密封油压。

Lb5F4033　综合分析发电机氢气湿度增大的原因。

答：（1）发电机氢气由制氢室储氢罐供给，储氢罐内如有水，尤其夏天室外温度高，水部分蒸发，会增加氢气湿度，因此储氢罐要经常排水。

（2）氢冷发电机在运行过程中，氢气由于吸收轴封带来的水分，而使氢气的湿度增加，超过标准，尤其油中含水量大时湿度增加更明显。

（3）发电机氢气系统装有硅胶的干燥器因吸收氢中水分，硅胶已失效，需要更换。

Lb5F4034　论述氢冷发电机的特点。

答：（1）氢气比空气轻，通风损耗小。

（2）氢气比空气传热能力高，冷却效果提高。

（3）氢气比空气纯净，不易氧化，运行中产生臭氧，起保护绝缘作用。

（4）氢气易燃，遇有电弧或明火会燃烧，有火灾危险。

（5）氢气与空气的混合气体遇火（或 700 ℃ 以上的热体），

当氢含量在 5%～76%的范围内时，在密封窗口容器中，有产生强烈氢爆炸的危险。

（6）氢气比空气渗透力强，易从发电机轴承、法兰盘、引出线套管、座板及机壳焊缝等处扩散出来，引起机壳内氢压力降低和氢纯度下降。

（7）氢系统复杂，除有一套制氢设备及系统外，还有氢油分离、密封油系统以及相应的控制、信号、仪表等，运行操作复杂，维护工作量增大。

Lb5F4035　论述发电机充、补氢气源的安全要求。

答：（1）气源的氢气纯度（按容积计算）不得小于 99.5%，氧气和其他气体的含量（按容积计算）不得大于 0.5%。

（2）气源的氢气湿度不大于 2 g/m^3。

（3）气源供氢充足，充、补氢阀门处氢气压力应比发电机额定氢压高 0.2 MPa 以上，以 0.6～0.8 MPa 为宜。如制造厂有规定，则按制造厂的规定执行。

（4）气源的氢气纯度越高，湿度越小，则向发电机充补氢时的效果越好。

Lb5F5036　试述氢冷发电机密封油运行的安全要求。

答：（1）发电机投氢后，无论运行与否，密封瓦供油不得中断，且保持密封油压高于发电机内氢压 0.03～0.08 MPa（一般维持 0.05 MPa 左右），不能过高或过低。

（2）氢、油压差不得过大。氢、油压差过大，一是使氢气接触的油量增多，油中所含的气体、水蒸气混入氢气中，造成氢气纯度下降，湿度增加；二是易引起发电机端部进油，污秽端部绝缘，降低绝缘水平。

（3）氢、油压差不得过小。氢、油压差过小，易使轴承周围的油层发生断续现象，氢气会穿过中断处进入汽轮机润滑油系统，进入回油管和主油箱内，在回油管和油箱中形成有爆炸危险的混合气体。

（4）氢、油压差的最佳值，应由密封瓦运行温度和氢侧回油量的大小来确定。

（5）密封瓦的进油温度不得低于 35 ℃，回油温度不得高于 70 ℃，密封瓦温度不超过 80 ℃。

Lb4F1037　为什么发电机要采用氢气冷却？

答：在电力生产过程中，当发电机运转把机械能转变成电能时，不可避免地会产生能量损耗，这些损耗的能量最后都变成热能，将使发电机的转子、定子等各部件温度升高。为了将这部分热量导出，往往对发电机进行强制冷却。常用的冷却方式有空冷却、水冷却和氢气冷却。由于氢气导热率是空气的 7 倍，氢气冷却效率较空冷和水冷都高，所以电厂发电机组采用了水氢氢冷却方式，即定子绕组水内冷、转子绕组氢内冷，铁芯及端部结构件氢外冷。

Lb4F2038　分析电解槽漏碱的原因。

答：电解槽的密封圈在长时间运行后失去韧性而老化，特别是槽体的突出部分为气道圈、液道圈的垫子，由于温度变化大，垫子失效就更快。有的电解槽由于碱液循环量不均，引起槽体温度变化造成局部过早漏碱。

Lb4F2039　为什么要在密封油箱的上部装设 2 根与发电机内部相通的φ16 管子？

答：氢气侧密封油是直接与氢气接触的，如溶解很多氢气，那么油回到氢气侧密封油箱后，氢气将分离出来，这些分离出来的氢气如不及时排掉，将引起回油不畅，所以在氢气侧密封油箱上部装设两根φ16 的管子与发电机内系统接通，使分离出来的氢气及时排出，运行中应将这两个管子的阀门开启。

Lb4F3040 试述密封油系统运行中应注意的问题。

答：密封油系统运行中应注意如下问题：

（1）注意保持密封油箱的油位正常，严禁满油。

（2）空气侧油压与氢压差应严格控制在 0.04～0.06 MPa 范围内，并定期检查发电机内部，其内部不应有油。

（3）注意监视旁路差压阀和平衡阀油压跟踪情况，若自动调整失灵，应退出运行，改为手动调整。

（4）注意调整冷油器油温在规定的范围内。

（5）注意控制空气侧油压稍大于氢压侧油压（1 kPa）。

（6）防爆风机进风管应每班进行放水。

（7）密封油箱不能打空，否则氢气侧油泵不再上油，除非将泵内氢气排尽。

（8）密封油箱补油时，汽轮机值班人员做好准备，防止密封油压降得太多，造成跑氢。

Lb4F3041 综合分析发电机进油的原因及防止措施。

答：发电机进油的原因有：

（1）密封油压大于氢压过多。

（2）密封油油箱满油。

（3）密封瓦损坏。

（4）密封油回油不畅。

防止进油的措施有：

（1）调整油压大于氢压 0.039～0.059 MPa。

（2）调整空气侧、氢气侧密封油压力正常，防止密封油油箱满油，补油结束后，及时关闭补油电磁阀旁路门。

（3）经常检查密封瓦的磨损程度。

（4）经常检查防爆风机及回油管是否畅通。

Lb4F3042 为什么要求空气、氢气侧油压差在规定范围内？

答：理论上最好空气、氢气侧油压完全相等，这样，两侧油流不至于交换，但实际运行中不可能达到这个要求。为了不使氢气侧的油流向空气侧，引起漏氢，规定空气侧密封油油压稍大于氢气侧密封油油压 1 kPa，如空气侧油压高得过多，则空气侧密封油就流向氢气侧，不仅引起氢气纯度下降，而且易使氢气侧密封油油箱满油。反之，若氢气侧密封油油压大于空气侧密封油油压，则氢气侧密封油即流向空气侧，使氢气泄漏量大，还会引起密封油油箱缺油，不利于安全运行。

在密封瓦上通有两股密封油，一个是氢气侧，另一个是空气侧，两侧油流在瓦中央狭窄处形成两个环形油密封，并各自成为一个独立的油压循环系统。从理论上讲，若两侧油压完全相同，则在两个回路的液面接触处没有油交换。氢气侧的油自循环，不含有空气。空气侧油流不和发电机内氢气接触，因此空气不会侵入发电机内。这样不但保证了发电机内氢气的纯度，而且也可使氢气几乎没有消耗，但实际上要始终维持空气、氢气侧油压绝对相等是有困难的，因而运行中一般要求空气侧和氢气侧油压差小于 0.001 MPa，而且尽可能使空气侧油压略高于氢气侧。

Lb4F4043 论述电解液中杂质离子对水电解制氢的影响。

答：电解液中若含 Cl^-，SO_4^{2-}，能强烈地腐蚀镍阳极，Fe^{3+}附着于石棉布隔膜和阴极上，从而增大电解池电压，CO_3^{2+} 的存在能恶化电解液的导电度，其含量过高会析出结晶，Ca^{2+}、Mg^{2+}能生成 $CaCO_3$、$MgCO_3$ 沉淀，堵塞进液和出气小孔，造成电解液循环不良，因此，要十分注意补给水和碱液的质量控制在规定范围，并经常对电解液进行分析。

Lb4F4044 论述新装或大修后的 DQ-5 型电解槽启动前的准备工作。

答：（1）必须进行 1.5 MPa 的水压试验，要求严密不漏。

（2）用纯水冲洗干净系统和各部位。

（3）按规定要求配制好电解液，并在每公升碱液中加入 2 g 五氧化二矾，静放 24 h。

（4）向电解槽注入碱液至规定液位。

（5）向给水箱、洗涤器和压力调整器内注入纯水至规定位置。

（6）按操作要求进行氮气吹洗各系统和部位，使其系统含氧量低于 2%。

（7）测量端电极对螺杆、螺杆对支架、端电极对地、各支架对地的绝缘程度，应合格。

Lb4F4045　综合分析水电解制氢时氢气纯度低的原因。

答：（1）石棉布质量不符合要求，或者损坏，使气体相互渗漏。

（2）隔膜框上的石棉隔膜布铆反。

（3）个别隔膜框的气体出气孔的方向打错，造成氢、氧气混合，纯度降低。

（4）电解液浓度太低或电解液太脏。

（5）碱液循环量过大，分离器中气、液分离效果又较差时，也会使气体由电解液带回电解池。

（6）送入电解槽的直流电内含有交流电成分。

Lb4F4046　论述采用抽真空法置换气体应具备的条件。

答：采用抽真空法置换气体，可以大大缩短换气时间和节省大量的中间介质，但必须具备抽真空置换气体的条件。

（1）备有容量足够的水力抽气器（一般用汽轮机的射水泵）供抽真空用。

（2）保证气、油系统在真空状态下的严密性。

（3）密封瓦运行温度不高，发电机内不进油。

（4）制定切实可行的防爆安全措施。

Lb4F4047 试述氢冷发电机进油的原因和处理方法。

答：发电机进油的原因有：

（1）密封油压大于氢压过多。

（2）密封油油箱满油。

（3）密封瓦损坏。

（4）密封油回油不畅。

外理方法有：

（1）调整油压大于氢压 0.039～0.059 MPa。

（2）调整空气侧、氢气侧密封油压力正常，防止密封油油箱满油，补油结束后，应及时关闭补油电磁阀旁路门。

（3）经常检查密封瓦的磨损程度。

（4）经常检查防爆风机及回油管是否通畅。

Lb4F5048 综合分析氢冷发电机氢爆炸、着火事故的原因。

答：（1）氢冷发电机排氢装置的 U 形管内部存有杂物，未清理干净，致使排氢装置上部排不出氢，使氢压升高。或是由于运行人员没有按要求定期排污，使管内积水、积油过多，分离装置内部氢压不断积累，压力逐渐增高，氢气从发电机两端大量逸出，遇到外部有火种，如电刷冒火则会引起爆炸、起火。

（2）如果运行人员监视、调整不当，则当油封箱油位下降到排油管口，氢气从排油管口泄入空侧油泵入口总管，使空侧油泵失常、空侧密封油压下降，而氢侧密封油压也随之下降。当密封油压低于氢压时，氢侧密封瓦的密封间隙泄漏到发电机两端瓦的回油室，从油档处外漏。

（3）用空气直接置换氢气的操作方法不正确，致使发电机内大量的氢气没有排出，从原取样点采样化验的气体实际又是空气，结果误认为氢已排出到安全规定范围。在检修时，发电机内部没有排出的大量氢气遇火便会发生爆炸。

（4）当发电机氢压低时，如果用电磁补氢阀向发电机内补氢，有时电磁阀卡住不返回，若运行人员未能及时发现，会使发电机内氢压逐渐升高，使密封瓦回油量减少。同时，U形管和密封油箱自动调整门若检修质量不佳而失灵，会使大量氢经密封瓦回油箱进入U形管和密封油箱，经U形管和密封油箱出口门至主油箱。当排烟机处在停止状态时，大量氢气会积存在主油箱上部，沿回油管进入前箱，在前箱处形成危险气体，遇到高温或明火，就会在机头发生氢气爆炸。

（5）在停机置换空气完毕时，母管总阀门上未加隔离铁垫，这时，若上道阀门又未关严，则经一段时间后，发电机内的氢气和空气混合形成危险气体，给焊工埋下了隐患。

Lb4F5049 综合分析氢冷发电机漏氢的主要部位和原因。

答：（1）发电机两侧端盖与本体端部开有密封槽，加胶条或注液态密封胶进行密封时，有时液态密封胶未能注满密封槽内；有时密封胶过热变质；有时因为结合面加工质量差，结合面不平度大，致使密封胶流入发电机内，使结合面无法起到密封作用而漏氢。

（2）由于发电机端盖刚度差，结合面不平度大，发电机运行端盖变形，严重造成漏氢。

（3）发电机定子出线罩法兰与出线套管铝合金台板结合面采用螺栓连接，用液态密封胶封闭。由于定子端部漏磁感应产生的环流引起杂散损耗，使出线罩和台板发热，促使液态密封胶干结老化，膨胀系数不同，致使充氢后结合面变形，造成漏氢。失去密封作用。

（4）发电机定子引出线套管的瓷瓶与铜法兰由于运行中不断受到振动而松脱，引起漏氢。

（5）定子绕组接头内冷引水管接头裂纹或螺栓松动，造成漏氢。

（6）密封油脏，造成密封瓦与轴颈间的间隙增大和密封瓦座结合面不严而漏氢。

（7）密封瓦工作异常而漏油。盘式密封瓦可靠性差，常发生漏氢漏油。环式密封瓦结构简单，可靠性高，被广泛采用。国产 300 MW 汽轮发电机采用双流环式密封瓦，此种瓦中有两股密封油流，分别由两路单独循环的油系统供给。发电机运行中依靠平衡阀自动调整两股油压，使瓦的中部油压相等，如阀性能不好，两股油之间的压差偏大，致使氢侧和空侧密封油互相串动，造成漏氢或使氢纯度降低。

（8）密封瓦的空侧回油、密封油箱的排油和发电机主轴承的回油均直接进入汽轮机主油箱，也都将会带入一定量的氢，如不进行分离就进入主油箱，对主油箱构成威胁。

Lb4F5050　论述新投入或检修后氢冷系统的安全要求。

答：（1）为确保氢冷系统完整，运行前和运行中应认真全面检查，发现问题要及时消除。

（2）密封油系统经试运正常，自动补氢装置的开关阀门动作灵活，工作安全可靠。

（3）发电机进行严格的风压试验，以鉴定其严密性，风压试验不合格不得充氢。

（4）发电机一般在启动前投氢，尽量避免运行中投氢。如果调试需要或氢冷系统存在问题暂时不能投氢，则允许表面氢冷的发电机短时间内先充空气投入运行，对于氢内冷的发电机，能否在空冷下短时间运行，应遵守制造厂的规定。

（5）不宜过早地向氢气冷却器通冷却水（循环水），过早通水会使发电机冷却到近于冷却水的温度，这对发电机绝缘和零部件易造成损伤。

Lb4F5051　试述发电机投入运行对氢冷系统的安全要求。

答：（1）对发电机启动过程加强监视和调整。因为随着转速的升高，氢气压力和密封油压可能会发生变化。

（2）保证氢气参数符合下列安全技术要求：① 保持运行氢压为额定值。因为发电机的出力大小与氢压密切相关，若某种原因需要降低氢压运行时，应根据制造厂的规定，相应降低发电机负荷。在任何情况下，应保持机壳内氢压为正值。② 保持氢气纯度（按容积计）在96%以上，不宜过高或过低，气体混合物中的含氧量不得超过 2%。纯度过高，氢气消耗量增多，不经济。纯度过低，使混合气体运行的安全系数降低，氢气纯度不合格（降低到92%，混合气体中含氧量超过 2%），应立即进行排污，补充新鲜氢气，使氢气纯度满足运行要求。③ 保证发电机内的气体混合物湿度不超过 10 g/m³。运行造成湿度不合格的原因很多，如密封油中含水汽、氢气冷却器渗漏水以及净油设备的真空泵和氢气干燥器运行不正常等。湿度不合格应立即向发电机内补充新鲜氢气，同时排氢，直到合格为止。

Lb32F3052　试述氢冷发电机在运行中的注意事项。

答：氢冷发电机的轴封必须严密，当机内充满氢气时，轴封油不准中断，油压应大于氢压，以防空气进入发电机内壳或氢气充满汽轮机的油系统引起爆炸。主油箱上的排烟机应保持经常运行，如排烟机故障，应采取措施，使油箱内不积氢气。

Lb32F3053　论述槽压调节的工作原理。

答：槽压调节是通过控制氧气的流量来控制槽压的。由氧综合塔上部空间取得信号，经截止阀到气动压力变送器，气动压力变送器把压力信号转换成相应的气压信号，此压力信号为气动记录调节仪的测定值，气动记录仪将测量值与给定值进行比较和运算，然后输出气压信号，送给调节阀，调节阀根据气压信号的大小调整开度，从而调整氧气流量，使氧综合塔的压力维持在 3.2 MPa，气动记录调节仪记录笔记下压力数值。由于氧综合塔的压力与电解槽的压力相等，因而达到了控制槽压的目的。

Lb32F3054　论述差压调节的工作原理。

答：氢综合塔的压力和氧综合塔的压力分别引入气动差压变送器的正、负压室，气动差压变送器将氢、氧综合塔的差压值转换成气压信号，气动信号送至气动记录调节仪，气动记录调节仪将测定值与给定值进行比较和运算，输出气压信号给调节阀，调节阀根据气动信号的大小来调整开度，从而调整氢气流量，使氢综合塔的压力等于氧综合塔的压力，即差压值为0。气动调节仪记录笔记下差压值。

Lb32F3055　论述槽温调节的工作原理。

答：在电解槽进口取得碱液温度信号，由压力式减温变送器将温度信号转换成气压信号，送至气动记录调节仪，调节仪将测量值与给定值进行比较和运算，输出气压信号给调节阀，调节阀根据气压信号的大小调整开度，从而调整冷却水的流量，使进入电解槽的碱液温度维持在 70 ℃左右，记录仪的记录笔记下进入电解槽进口的碱液温度。

Lb32F3056　论述氧液位调节的工作原理。

答：其工作原理是利用气动差压变送器测得氧分离器的液位信号，将液位信号转换成气压信号，送至气动色带指示仪，当液位指示低于调节下限的 100 mm 或高于调节上限的 200 mm 时，气动色带指示仪发出电触点信号，通过继电器线路控制补水泵的启动或停止。当液位低于 100 mm 时，启动补水泵经氢综合塔中送入除盐水，当液位高于 200 mm 时，补水泵停止运行。

Lb32F3057　论述氢冷发电机漏氢和漏油的防范措施。

答：（1）为了保证机组正常运行，发电机应建立氢、油系统的定期检测维护制度，如正常运行中的抽查性检查、异常运行时的重点检查、检修前的摸底性检查和检修时的一般性检查，并包括维修试验和化验周期,并定期进行机组漏氢量实测计算,用以考核漏氢水平。

（2）对国产 300 MW 汽轮发电机的漏氢薄弱环节（定子外壳处结合面、引出线套管、出线罩、出线台板结合面、氢系统、阀门等），通过大修进行改造消除。密封瓦与密封瓦座的组装,应严格注意检修质量。

（3）采用盘式密封瓦的机组,结合大修应改为环式密封瓦。

（4）做好查漏、堵漏工作,应重视大修后的气密封试验,一般先从分部打风压试验做起,直到整体风压试验。

（5）为防止密封油漏入机内,要保证挡油盖、挡油板的间隙符合制造厂规定的要求。

（6）氢侧回油应保持畅通,端盖外部油管应留有坡度,并避免管路出现弯曲和管径有较大的改变。端盖内部的回油腔、回油孔的尺寸可适当增大。密封油箱回氢管接至机座的位置应尽可能提高,防止密封油进入机内。

（7）定子出线罩与出线套管铝合金台板改为不锈钢板,螺栓连接改为用奥 237 不锈钢焊条焊接。

（8）在引出线套管瓷瓶与法兰之间,将水泥或环氧树脂粘结改为浇装工艺,并做特制勾抓,将瓷套吊挂住,再用套管法兰螺钉固定,以防瓷套下落而漏氢。

Lb32F3058　论述氢冷发电机气体置换的技术安全要求。

答:（1）气体置换过程中,严防空气跟氢气混合,以避免氢气爆炸的发生。

（2）气体置换中,防氢爆措施很多,但最有效的措施有:
① 采用惰性气体（二氧化碳、氮气）作为气体置换的中间介质。
② 二氧化碳作中间介质的特点为制取方便,成本低,二氧化碳与空气或氢气混合,都不会发生爆炸;二氧化碳的传热系数比空气高,在气体置换中,能起到较好的冷却效果;二氧化碳不

燃烧，不助燃，有利于防火；二氧化碳不能作为冷却介质长期运行。因为它易与机壳内可能含有的水分等化合，产生绿垢，附着在发电机绝缘和结构件上，引起冷却效果下降，造成机件脏污。二氧化碳含量（按容积计）不得低于 98%，水分含量（按重量计）不大于 0.1%，不含有腐蚀性杂质。③ 气体置换过程中，要始终保持机壳内为正压（最低允许压力），并定时从机内气体不易流动的地方，取气样化验。当充二氧化碳排空气时，二氧化碳的含量均应大于 85%；当充二氧化碳排氢时，二氧化碳的含量均大于 95%；当充氢气排二氧化碳时，氢气含量均大于 96%，氧气含量小于 2%，且打开各死区的放气阀门或放油门，吹扫死角。当达到以上标准时，气体置换才能结束。

Lb32F3059　论述厂用电中断或硅整流故障的处理方法。

答：（1）应立即拉掉所有电气设备的开关，将硅整流的电流调节器或者直流发电机的励磁调节器调至零位，关闭大罐进气门、氧水封、系统补氢门、碱液循环门，并联系电气值班人员进行处理。

（2）如属硅整流器故障，短时间不能修复，可根据现场实际情况启动备用硅整流器或直流发电机。

Lb32F3060　试述发电机氢压下降的特征、原因和处理方法。

答：发电机氢压降低的特征有：

（1）氢压下降，并发出氢压低信号。

（2）发电机铁芯，绕组温度升高。

（3）发电机出风温度升高。

发电机氢压降低的原因有：

（1）系统阀门误操作。

（2）氢系统阀门不严，引起氢气泄漏。

（3）补氢气阀阀芯脱落。

（4）密封油油压调整不当或差压阀、平衡阀跟踪失灵。

发电机氢压降低应做如下处理：

（1）确定氢压降低后，应立即补氢，以维持正常氢压。

（2）如因泄漏，经补氢也不能维持额定压力时，应报告值长降负荷，同时设法消除漏氢缺陷。

（3）如因供氢中断不能维持氢压时，可向发电机内补充少量氮气，并保持低压运行，等待供氢恢复，发电机内氢压绝不能低到"0"。

（4）如系统阀门误操作，应恢复其正常位置，然后视氢压情况及时补氢。

（5）及时调整密封油油压至正常值。

Lb32F3061　试述发电机氢压升高的原因和处理方法。

答：发电机氢压升高的原因有：

（1）自动补氢装置失灵。

（2）自动补氢旁路门不严密或误开。

（3）氢气冷却器冷却水量减少或中断。

发电机氢压升高的处理方法有：

（1）确认氢压过高时，应联系电气值班员打开排氢气门，使氢压恢复正常。

（2）如自动补氢装置失灵，应关闭隔离阀，用旁路门调节氢压，同时消除缺陷，若补氢旁路门误开，应立即关闭。

（3）若氢冷却器冷却水中断应及时恢复。

Lb32F3062　试述电机密封油油压低的特征、原因和处理方法。

答：发电机密封油油压低的特征有：

（1）密封油油压降低，发出报警信号。

（2）油压低于氢压太多，造成氢压下降。

发电机密封油油压低的原因有：

（1）密封油箱的油位低，或系统阀门误操作。

（2）密封油泵跳闸或未开。

（3）备用密封油泵逆止门不严密，或再循环门开度过大。

（4）滤网脏。

（5）密封瓦油档间隙太大。

其处理方法如下：

（1）密封油油压降低，应迅速查明原因，调整并恢复其正常，如油压不能恢复正常值，应降低氢压、降低负荷运行。如油压降低到报警值，应立即报告值长停机。

（2）若油系统故障，应立即汇报班长，并通知检修人员及时处理，以保持油压。

Lb32F3063 试述发电机投氢应具备的条件（新机组）。

答：（1）发电机的氢系统设备与管道安装完毕，并经整体风压试验合格，氢冷却器通水试验良好。

（2）密封油系统、油循环合格，排烟机试运正常。

（3）氢系统、密封油系统调整试验已完成，差压阀、平衡阀及其他自动调节部件性能良好，各种连锁保护及报警装置动作正常，各种仪表经校验合格。

（4）发电机周围清理干净，无易燃物件，在发电机及氢系统周围已划出不小于 5 m 的严禁烟火区，并持有警告牌。

（5）已准备好足够的消防器材。

（6）已准备好压缩空气源和足量的质量合格的氢气和二氧化碳（或氮气）的纯度不低于 95%，含氧量不超过 2%，氢气的母管压力至少比发电机额定氢压高 0.2 MPa，纯度一般应不低于 99.5%。

（7）具有符合实际的氢、油系统图和经领导审批过的投氢技术措施。

Lb32F3064 从水电解制氢的角度分析影响氢气纯度的因

素有哪些？

答：影响氢气纯度的主要因素有：

（1）原料水和碱液中的溶解氧过高，在电解时，随阳极上产生的氧气向阴极侧扩散，同氢气一起逸出。

（2）滞留在电解液中的氧气泡，通过电解液的内外循环，被带入电解槽的氢室中，引起气体纯度下降。

（3）由于运行不稳定，补水不及时，氢、氧气的压力差增大或其他原因，使隔膜外露时，氢、氧气体将通过隔膜互相渗漏，使气体纯度下降。

（4）电解槽内存有的导电物，可能会形成"中间"电极，发生"寄生电解"现象，引起气体纯度降低。

（5）碱液的浓度过低或太脏。

（6）一块或多块极板装反。

Lb32F3065　试述压力调整器的作用和工作原理。

答：其作用是维持氢气和氧气压力的平衡，以免隔膜两侧的氢气和氧气互相混合。氢氧压力调整器分别与氢氧洗涤器相连，内部各设有浮球调节针形阀。当系统中一种气体压力增大使压力调整器的液位下降时，浮球和阀杆随之下降，与阀杆直连的针形阀相应开大，使气体很好地排出，压力降低。同时，另一气体压力调整器的液位上升，浮球和阀杆也跟着上升，针形阀关小，限制了气体的放出，压力升高，直至氢、氧气的压力基本平衡为止。

Lb32F3066　论述电解槽的基本结构原理。

答：电解槽由若干个电解室组成。电解室两端分别是主电极板，其内侧各焊有一块电极（加上直流电压即成为阴电极和阳电极）。主极板与隔离框板间垫有橡胶石棉垫（高压纸箔）或四氟乙烯用以防漏和绝缘，中间为石棉隔离框，它把电解室分隔为氢区和氧区两区。由于有石棉布的阻隔，两区气体不会混合。两区上下各有一个排气孔和碱液通道孔。

Lb32F3067　论述压力调整器的自动调整原理。

答：氢气、氧气压力调整器中的气体互不联通，而液体则是联通的，当氧侧气体压力升高时，调整器内部水位下降，浮子也随着降落，此时针形阀开启，氧气排出。与此同时，由于氧侧水位下降，氢侧水位上升，针形阀开始关闭，氢气排出量减少直至完全停止，于是氢气侧水位迅速上升，直至两者平衡，水位恢复正常。反之，如果氢气侧压力比氧气侧高，也会发生类似的调整作用。

Lb32F4068　论述氢气干燥器的工作原理和工艺流程。

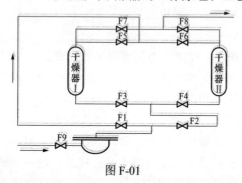

图 F-01

答：工作原理：采用变温吸附法和高效过滤除尘的操作工艺，脱除氢气中的水分和尘埃，达到了电厂发电机氢冷用氢的使用要求。

工艺流程（见图 F-01）：装置设有两台吸附干燥器，一台工作，一台再生。设干燥器Ⅰ处于工作状态，干燥器Ⅱ处于再生状态，原料氢气由 F9 阀进入蛇管冷却器后进入气水分离器，又经 F1、F6 阀进入干燥器Ⅱ，此时，干燥器Ⅱ通电加热，吸附剂在高温 300～350 ℃的气流吹扫下解析水分得到再生。高温再生气流出干燥器Ⅱ，流经右套管冷却器，再经 F4、F3 阀进入左套管冷却器，被冷却分离出游离水后进入干燥器 I，气体中水分又被干燥剂吸附获二次干燥，然后经 F7 阀进入过滤器除尘后，到氢罐用气户使用。

达到装置规定的加热再生、吹冷时间后，自动切换阀门 F1、F2，关闭 F4，让原料氢气经 F2、F3 阀直接进入干燥器 I 吸附干燥，并经 F7 和高效过流器除尘后进入储氢罐供用户使用，而让干燥器 II 自然冷却。

达到装置规定的切换周期时，自动切换阀门 F1、F2、F5、F6、F7、F8，打开 F4，干燥器 I 被加热再生并冷却干燥器 II，使其投入工作。方法同上，如此反复自动操作达连续供产品氢气要求。

Lb32F4069　综合分析造成电解槽绝缘不良的原因和处理方法。

答：电解槽开车前都要检查绝缘情况，造成绝缘不良的原因有：

（1）检修后存有金属杂物。

（2）绝缘套管、绝缘子上沾有碱结晶。

（3）石棉橡胶垫上碱结晶潮湿后流到绝缘子上。

（4）绝缘套管夹紧后有裂缝，水和碱液残留于裂缝中。

（5）石棉橡胶垫片破裂。

处理方法有：

（1）用 1%的硼酸水擦洗绝缘器件，然后用纯水擦洗，最后用空气吹干。

（2）更换有裂缝的绝缘套管及损坏的石棉垫片。

（3）清洗绝缘部件，加热至绝缘合格。

Lb32F4070　论述每台电解槽必须单独配直流电源的原因。

答：对于从槽体中间引出的碱液管和出气管的电解槽，如果两台共同使用一个直流电源，那么它们之间可能通过各自的

203

中间引出管发生电器上的联系，造成串气，称为环流串电。这是因为每台电解槽的内阻不同，所以中间引出的碱液管口发生水电解，产生氢气和氧气，损耗电流，腐蚀管边。因此，每台电解槽应单独配直流电源。

Lb32F4071 综合分析压力调整器氧侧针阀泄漏的后果。

答：（1）运行中将使两调整器水位不能保持平衡，氢气侧低，氧气侧高。

（2）两调整器调整动作时间拉长或丧失。

（3）氢气侧水位将压入氧气侧调整器，致使氧气侧调整器向外渗水。

（4）氧气侧水位过高浮子重心不稳，产生导杆单边磨损甚至弯曲。

（5）易造成浮筒进水下沉，加速调整器内渗水。

（6）泄漏严重时，将造成电解室两个间隔压差增大，石棉布推向氧气侧，降低了阻隔气体的效果，诱发事故。

Lb32F4072 发电机水冷系统运行监视及分析中要注意哪些要点？

答：（1）经常监视水冷系统总进出口压力、温度、流量、水质，使其在允许范围内。

（2）水内冷发电机应定期进行运行分析工作。它包括：① 定期分析定子绕组温升，以监视有无腐蚀阻塞现象；② 定期分析水冷器的端差，以监视水冷系统有无结垢阻塞现象；③ 定期分析水箱水质，监视发电机水回路有无漏水现象。

（3）按规定做好水冷系统的定期维护工作。

Lb32F4073 综合分析运行中电解槽 H_2、O_2 纯度低的原因。

答：（1）极板与框架之间可能有金属杂物沉积，使电解池发生寄生电解，产生 H_2 和 O_2，或是极板与框架间的石棉垫片失效而产生短路，使框架发生电化反应而产生气体。

（2）石棉隔膜布运行中被损坏，槽内杂物发生短路，产生高温，或阴阳极的撑脚大部分脱开而产生局部升温把石棉布烧坏，使气体相互渗透。

（3）电解小室液孔、出气孔、气体总出口、碱液循环系统等被堵，使气体产生压差而相互渗透。

（4）严重的电化腐蚀造成电解池主极穿透。

Lb32F4074　论述电解槽的电压剧烈升高或间隔电压升高的原因及处理方法。

答：电解槽的电压剧烈升高或间隔电压升高的可能原因是：电解液循环停止，电解槽的液位下降或某一框上的气体出口孔被堵塞，使对应的隔间中碱液流空。

处理时，应首先检查碱液循环门和管路是否畅通，或将负荷突然降低再升高，反复几次，利用波动性气流吹出堵塞物，若仍不能消除时应停车吹洗。

Lb32F4075　综合分析电解槽温度超过额定温度的原因和处理方法。

答：电解槽温度超过额定温度的原因有：

（1）冷却水量不足或中断。

（2）负荷过高。

（3）碱液浓度过高。

（4）碱液循环不良。

处理方法有：

（1）如冷却水不足，应调节冷却水流量，若冷却水中断，应降低电解槽负荷，或者调换备用水源。

（2）负荷过高，应适当降低负载。

（3）碱液浓度过高，应适当降低浓度。

（4）碱液循环不良，应进行冲洗疏通。

Lb32F4076　综合分析给水箱补不进水的原因和处理方法。

答：（1）电解槽系统压力超过凝结水系统压力，此时，应降低电解槽系统压力。

（2）因停机而凝结水泵停止运行，此时，应调换凝结水泵。

（3）凝结水管冻结，应用蒸汽或开水解冻，为了防止冻结，应将给水箱凝进水疏水门微开，保持畅通。

（4）凝结水管至制氢室管道腐蚀，查明泄漏原因进行检修。

（5）进给水箱的门滑丝，不能打开，联系检修人员，处理后再打开进水门。

Lb32F4077　分析在什么情况下，应切断电源，停止电解槽的运行。

答：（1）制氢设备失火、爆炸或电气设备短路。

（2）电解系统漏气或碱液泄漏严重，无法处理。

（3）气体纯度急剧下降。

（4）氢、氧压力调整器不正常，水位无法控制。

（5）由于冷却水长期中断，使电解槽温度超过 90 ℃。

（6）凝结水中断，给水箱水位达最低水位 150 mm。

Lb32F4078　为什么要控制电解液的质量标准和范围？

答：电解质氢氧化钾或氢氧化钠的纯度直接影响到电解后所产生气体的品质和对设备的腐蚀。当电解液中含有碳酸盐和氯化物时，会在阳极上发生下列反应：

$$2CO - 4e \longrightarrow 2CO_2\uparrow + O_2\uparrow \text{（可逆）}$$

$$2Cl^- - 2e \longrightarrow Cl_2\uparrow$$

这种反应不但消耗了电能，而且因氧气中混入氯气而降低其纯度。同时生成的二氧化碳立即又被碱液吸收，并还原成碳酸钠，导致其 CO_3^{2-} 的放电反应反复进行下去，白白消耗大量电能。另外，反应生成的氯气，也能与碱液反应生成次氯酸钠和氯化钠，又有在阴极被还原的可能，也要消耗吸收电能，所以要控制电解质标准在一定范围内。

Lb32F4079　论述水氢氢发电机氢油水系统的结构及作用。

答： 水氢氢汽轮发电机冷却方式为定子绕组水内冷，转子绕组和定子铁芯氢冷。因此配备有氢、油、水3个辅助系统。氢系统中装有一系列报警开关，在运行中对氢气纯度、压力、温度、供氢压力和发电机的漏液进行控制和报警。油系统中，在油泵两端、供油管路上分别装有一系列报警开关，能对密封油系统中油氢差压，供油压力和油泵运行状况进行监测与报警。水系统中水泵，过滤器，定子绕组总进、出水管两端以及导电仪上装有报警开关，能对水系统中压力、流量、温度、压差、电导等参数进行控制与监测。以上3个系统中任何一个部位发生异常，都将在氢、油、水工况监测柜上显示并报警，同时将信号送入ATC和DEH进行计算机自动控制，这3个辅助系统从不同方面确保了发电机安全、连续地运行，并达到了较高的自动化程度。

Lb32F5080　综合分析电解槽小室电压超过规定电压的原因和处理方法。

答：（1）电解槽浓度过低。应设法提高电解液的浓度。

（2）电解液循环不良，电解槽的液位下降。应检查碱液循环门有无开启，循环管道是否畅通，若不畅通，应进行疏通和冲洗。

（3）隔膜框上的通边有几个被堵塞，使之隔间电压升高。此时，可将负荷降低再升高，如此反复数次，利用波动性气体，吹出堵塞物，如无效，则应停止电解槽运行，进行冲洗。

Lb32F5081　水氢氢发电机停用期间应注意哪些事项？

答：（1）发电机内充满氢气时，密封油系统仍应进行常规监视维护，密封油排烟风机和轴承回油的排烟风机应维持运行，抽去可能逸入排油系统的氢气；氢气报警系统应投入运行。停机期间发电机内氢气湿度取决于机座周围的温度。为改善相对湿度，可向外排出一些氢气，并从供氢系统补充新鲜氢气。

（2）停机期间发电机内充满空气时，需留意结露。供氢管应切断，防止氢气进入发电机。

（3）停用发电机水、氢、油系统程序为：首先，应停用内冷水；然后，进行氢冷却水停运；最后，进行排气置换。密封油系统的停运应在氢气置换后进行。

（4）如发电机暴露在冻结温度以下，氢气冷却器中的水应彻底排干，防止冻裂。

（5）发电机每运行两个月以上应停机，对发电机定子水回路进行反复冲洗，以确保水回路畅通。

（6）对停用时间较长的发电机，定子绕组中的水应放净吹干。

（7）备用中的发电机及其全部附属设备应进行必要的维护和监视，使其处于完好状态，随时可以启动。

（8）当发电机长期处于备用状态时，应采取适当措施防止绕组受潮，并保持绕组温度在±5 ℃以上。

Lb32F5082　试述环式轴密封装置的工作原理。

答：氢冷发电机环式轴密封装置的密封间隙在轴的外表面与密封环的内表面之间，密封油在密封间隙中形成密封油环来防止漏氢，空气侧和氢气侧油流分别流动。氢气侧回油一般进入专门的密封油箱中，使油中含有的氢气及其他气体与油分离，空气侧回油则与支持瓦回油混合在一起，流回汽轮机的主油箱。运行中的密封环可随轴的振动而在油膜中径向浮动。

Lb32F5083　试述氢冷发电机密封油系统的设备组成及作用。

答：密封油系统主要由密封油泵、密封油箱、氢装置冷油器等组成。一般密封油系统除装有交流密封油泵和能自动投入的直流备用密封油泵以外，还在润滑油的冷油器前、后处，接入备用油源。氢侧回油至密封油箱或至主油箱的管路上都接有油封筒或 U 形管，用以密封氢气使其不能进入油箱。

氢冷发电机的轴密封装置需要不断地供给密封油以维持其正常运行。密封油系统的作用就是连续不断地供给密封装置所需的密封油。

Lb32F5084　试述水氢氢发电机氢气、密封油系统运行监视和维护中应注意的问题。

答：（1）发电机氢压降低至允许值的下限时，应进行补氢，以提高氢压，但氢压不得超过允许值的上限。

（2）发电机内氢气纯度一般不得低于 95%，正常情况下，应维持在 97%以上，气体混合物的含氧量不得超过 2%，氢气湿度正常时应控制在 1 g/m³ 以下（大气压下的测量值），在额定氢压下机内含湿量不得超过 4 g/m³。

（3）补氢一般通过自动补氢装置完成，自动补氢装置阀门前的氢压比额定运行氢压高 0.2 MPa 以上，一般以 0.6～0.8 MPa 为宜，最高不超过 1.0 MPa。

（4）当采用手动补氢方式运行时，应注意监视不同位置装设的压力表指示是否相同。

（5）氢冷却器氢温应控制在 46 ℃（允许在 40～48 ℃之间

变化），各氢冷却器冷氢温差应在 2 ℃ 以内。

（6）氢冷却器的冷却水进水温度为 33 ℃，一般允许在 20～35 ℃ 之间变化。

（7）密封瓦侧与氢侧的油压差不应超过 ±490 Pa。

（8）氢气干燥器在发电机运行时，不可脱离运行。当机内湿度大于 1 g/m³（大气压下测量值）时，应立即检查干燥器是否失效，同时进行排污和补充新鲜氢气。

（9）发电机排污管处的液位指示器应定期检查。不论有无液位指示，均应每日排放一次，并做好记录，一旦发现有大量油水积存，应及时放净并查明原因。

（10）发电机实际漏氢量应每月测试一次，考虑到补氢，运行中每昼夜消耗量最大不应超过工作氢压下机壳内总氢量的 10%。

（11）空气侧密封油压应高于氢气侧密封油压一定值，其值一般为 1 kPa，差压阀跟踪性能良好。

Lb32F5085　试述发电机漏氢量的测试方法和要求。

答： 发电机实际漏氢量应每月测试一次，其方法如下：

（1）氢量测量时，发电机运行参数应等于或接近额定值；氢压应先保持在额定值，纯度、湿度在合格范围。

（2）在既不补氢，也不排污的情况下，记录测量起始至测量结束整个过程中每小时的机内氢压（应用标准压力表）、氢温（冷热风多点平均值）、周围大气压和室温。

（3）测试持续时间一般应达 24 h，特殊情况下不得少于 12 h。

（4）漏氢量按下式进行计算

$$\Delta V_H = 70\,320 \times \frac{V}{H}\left(\frac{p_1 + p_3}{273 + t_1} - \frac{p_2 + p_4}{273 + t_2}\right)$$

式中　V——发电机的充氢容积，m^3；

H ——测试持续时间，h；

p_1、p_2 ——测试起始、结束时机内氢压的表压力，MPa；

p_3、p_4 ——测试起始、结束时周围环境的大气压力，MPa；

t_1、t_2 ——测试起始、结束时机内平均氢温，℃。

由上式计算出来的实测漏氢量表示每昼夜泄漏的氢气量，单位为 m³/d，并已换算到规定状态下的氢气体积。规定状态为氢气压力 $1.01×10^5$ Pa，温度 20 ℃。

（5）正常运行中，实测漏氢量不得超过制造厂家的保证值（10 m³），如厂家保证值所指状态与上述状态不符，则可将实测漏氢量按厂家给定状态 [设压力为 p_c（Pa）、湿度为 t_c（K）] 加以修正

$$\Delta V_{H,c}=\Delta V_H×3.41×10^4×\frac{273+t_c}{p_c}$$

（6）发电机每昼夜的漏氢率一般不应超过工作氢压下机壳内总氢量的 5%。考虑到补氢，运行中每昼夜氢气消耗量最大不应超过工作氢压下机壳内总氢量的 10%。

Lb32F5086 论述氢冷发电机允许漏氢的原因、危害、查漏氢的方法。

答：（1）每天的耗氢量允许值（补氢量）应遵守制造厂的规定，无制造厂的规定时，参照表 F-1 执行。

表 F-1

额定运行氢压,满负荷运行 24 h(MPa)		0.03～0.05	0.1～0.255	0.31～0.41
实测每昼夜漏氢量/气体系统容积×100%	优	4	5	6
	良	6	7.5	9
	合格	10	12	15

（2）运行中引起漏氢的原因有：① 风压试验不严格；② 密封油运行中不断吸收氢气，且吸收量随着油压的升高和回油量

的增加而增多；③ 发电机定、转子本体的运行温度长期较高，氢冷系统的严密性受到损坏。

（3）漏氢量超标的危害有：① 浪费大量氢气，不经济；② 氢气能自燃，有引起火灾的危险；③ 漏出来的氢气跟周围空气混合，易形成具有爆炸性的危险气体。

（4）发现漏氢量超标，应进行分析，且认真细致地进行查漏工作。对容易发生漏氢的部位，采用手摸（漏氢较大时），涂刷肥皂水（漏氢较小时）或利用专门仪器（微氢测量仪）等设法找到漏氢处，并及时消除。

Lb32F5087　试述氢冷发电机的运行维护。

答：（1）确保氢气干燥器正常工作。干燥器内装有吸潮剂（硅胶或分子筛），利用转子风扇前、后压差使部分氢气流动，通过干燥器，解决氢气受潮问题。运行日久，干燥剂可能被潮解，应定期检查，发现潮解及时更换。

（2）应定期检查和测试一次油水继电器监视阀门、干燥器放水阀门，发现有油或水，应及时放掉，并分析原因设法消除。

（3）确保发电机在额定氢压下工作，超过规定的下降值时，应立即补氢。采用手动补氢时，要注意对比观察不同位置的氢气压力表，避免由于表管堵塞或误关压力表阀门指针不动而误补氢，造成机内氢压异常升高。采用自动补氢时，应注意观察阀门动作情况，发现有卡涩或开、关不灵时，及时转为手动补氢。

（4）排氢机保持经常运行，并定期取样化验回油管出口和主油箱内的氢气含量，其值（按容积计）不得大于 2%，否则应进行分析，查明原因，立即消除。

Lb32F5088　试述密封瓦是如何实现防止氢气泄漏的？

答：油密封装置通过轴颈与密封瓦之间的油流阻止氢气外

逸，国产 300 MW 水氢氢发电机引进美国西屋公司的最新双流双环式密封瓦装置，在瓦的氢气侧与空气侧各自有独立的油路，双流的两路密封油经过密封支座上各自的油道，然后从轴颈表面分别流向氢侧与空侧。平衡阀使两路油压维持均衡，严格控制了两路油的互相串流，从而大大减少了氢气的流失和空气对机内氢气的污染，使氢气的消耗最小，又省掉了真空泵，简化了维护工作。

新的双环式密封瓦比先期的单环式有了许多改进，由于双环式不要求很小的轴向间隙及环厚度相对较薄，因而减少了密封环与轴相碰、摩擦的可能性及从而引起的振动。由于不需要很小的间隙，也使用户对密封瓦的表面整修提供了可能性。

Lc5F2089　分析判断电解槽在什么情况下需解体大修或者清洗。

答：（1）当电解槽严重漏碱，气体纯度迅速下降，极间电压不正常且清洗无效，石棉橡胶垫部分损坏以及其他需大修方可保证安全生产的情况下。

（2）满使用周期年限。

Lc5F2090　试述氢冷发电机引起爆炸的条件和范围。

答：氢气和氧气（或空气）混合，在一定条件下，化合成水且在化合过程中发出大量热量。如果氢冷发电机的机壳内有混合气体，在一定条件下就会发生化合作用并同时产生大量的热，这样气体突然膨胀，就有可能发生氢冷发电机爆炸事故。试验得知，在密封容器内，氢气和空气混合，当氢含量在 47.6% 以上，且又有火花或温度在 700 ℃ 以上时，就有可能爆炸。

Lc4F3091　论述电解槽极板组组合时的工艺要求。

答：（1）极板组的不平度不大于 1 mm，否则要用木槌校正合格。

（2）阴极要清除油污，见到金属本色，阳极的镀镍层应完整、无脱落、无蚀点。

（3）依逆序号边组合边检查，不可将阴、阳电极装反，中心隔离框框边的极板组尤其要注意。

（4）极板组半圆形绝缘垫需随时装上装齐。

Lc4F3092 试述石棉隔膜框安装时的工艺要求。

答：（1）检查框架的密封完好、无缺口、镀镍层无脱落。

（2）石棉布应紧绷如鼓，不松弛，断线或穿孔处应修补好，已经变薄的石棉布应更换。

（3）油污、金属屑不得浸沾在石棉布上。

（4）边装边检查，不得任意装反（压环在阳极区）。

Lc4F3093 论述组装电解槽时的工艺要求。

答：要认真检查绝缘垫和石棉隔膜是否清洁完整，每片极板不得装反。检查碱液管道和氢氧管道的畅通情况，并保证电极和内部清洁，电解槽的组合工作应放在其他设备安装完毕之后，使电解槽在组合过程中不受损坏和污染。

Lc4F3094 论述防范氢气爆炸、着火的措施。

答：（1）氢气取样的位置和化验正确，气体置换必须在机组静止状态下进行。在置换过程中，不允许进行电气试验和卸螺丝拆端盖等检修工作。在氢气置换完毕转为空气时，必须经化验合格后方可进行检修与试验工作。

（2）氢管道上的过滤网、电磁阀门、氢压表和表管等部件，要定期检查、不漏气、保证畅通。

（3）氢设备附近的电气接点压力表应采用防爆表计。若非防爆表，应装在空气流通的地方。

（4）排污管处应经常检查，顶部应有防雨罩，附近不应有明火和焊渣掉下。

（5）在氢冷发电机附近进行明火作业时，需对附近地区的气体进行取样化验分析，空气中所含氢气在 3%以下，即为合格，方可动工。

（6）进行焊接或检修氢气系统时，必须与运行系统断开，并应有明显的断开点。充氢侧的管道必须用完好的橡胶垫衬以铁板垫隔堵。

Lc4F3095　论述有关发电机气密性试验的规定。

答：（1）氢冷发电机通过查漏试验修补以后，充氢之前必须进行气密性试验。

（2）密封油系统正常投入运行，通过干燥器向发电机内通入干净的压缩空气。

（3）将机内空气压力提至 0.6 MPa（额定氢压为 0.3～0.4 MPa 机组），停止供气保压，开始记录保压时间及每小时的压力。如果每小时的压降小于 50 Pa，则发电机气密性试验合格。

（4）试验时间一般应持续 24 h，最少不得少于 12 h。由于刚磅压时，机内压力尚未稳定，故保压期间内应 2 h 后开始记录数据。

Lc32F4096　论述电解槽的拆卸工艺要求。

答：在安全工作、碱液排除和气体置换合格的基础上进行解体工作：

（1）拆下氢气、氧气至分离器的管道，清理后封扎管口。

（2）卸开电解槽底部电解液进口法兰盘。

（3）把电解槽正极端的极板组隔膜框按顺序编号。

（4）用专用工具均匀松开 4 个拉紧螺栓及相应附件，取下后附件及螺母仍套在原位置。

（5）依次拆卸绝缘片石棉隔膜框和极板，根据大修前作出的缺陷点标记，进行仔细检查、分析，以便找出原发性问题。

（6）拆下的隔离框和极板应放到检修现场的橡皮垫上，运送时防止碰撞。

（7）清除阴、阳端极板气道、液道凹槽中的密封垫时，禁用凿子、起子等工具凿除。

Lc32F4097　论述电解槽端极板组合的检修工艺要求。

答：（1）在端极板安装前，须检查电解槽基础水平，并进行电解槽组装长度的预算，其值为实际厚度加松散间隙长度，端极板外侧尺寸约为 1500 mm，并在基础上划出两条平行线，两端极板竖立在绝缘垫上，并调整到与端极板的对角线等长。

（2）双拉紧螺栓的螺纹应完整无损，螺杆旋转无卡涩感，并在螺纹中擦拭牛油、二硫化铁混合物。

（3）碟形弹簧片应无永久变形及破碎，每两片配一组，共两组，组装时中心线应在一条直线上。

（4）端极板结合面需要平整无伤痕，脏物铲除彻底，密封线清晰无残留物，通道端头闷板螺栓的紧力要均匀适中。

（5）绝缘垫圈穿入前应检查其完整性和绝缘性。

Lc32F4098　论述电解槽中心导杆的使用和维护。

答：电解槽组装时，在端极板的气、液道孔穿入 3 根导杆，然后将绝缘垫、隔膜框、极板组依次均匀地装上，垫上隔膜框下部半圆形绝缘垫，减轻承重力。在任何情况下，不得硬击导杆前进，否则会损坏组件及导杆。退杆时因电解槽的紧力，导杆不易抽出，此时可用尾部千斤顶拉出，不许在另端敲击。中心杆平时应涂以牛油包上纸，垂直吊放。

Lc32F4099　论述热导式氢分析仪的工作原理。

答：其工作原理是：被测气体和参比气体同时进入装有铂电阻桥的热导池，当被测气体组分和浓度与参比气体一样时，电桥平衡，输出为零。当被测气体的组分和浓度发生变化时，气体的热导率也相应改变，工作桥臂的温度也有变化，电桥失去平衡而输出一个电信号，置电仪表即指示相应的气体浓度值。

Lc32F4100　论述钳型电流表的用途和工作原理。

答：主要用在交流电流的测量上。钳型电流表由一个安培表和一个电流互感器组成。电流互感器的铁芯可以开合，在测量时，先张开铁芯，把待测电流的一根导线放入钳中，然后再把铁芯闭合，这样载流导线便成为电流互感器的一次绕组，经变换后，在安培表上直接指出被测电流的大小。

Lc32F4101　论述电解式氢气含量分析仪的工作原理。

答：被测气体通过分子筛干燥器去掉气体中的水分，进入催化器。在催化剂的作用下，氢气中的氧转化为水，随氢气进入电解池，被电解池电极上的五氧化二磷吸收，生成偏磷酸。在直流电的作用下发生电解，而电解产生的氧和电解所消耗的电量成比例，根据气体的流量和电解电流的大小，就可以测出氢气中的含氧量。

Je5F2102　论述氢冷发电机干燥器内干燥剂更换后的投用方法。

答：（1）打开干燥器底部放气门，同时打开干燥器进气门，对干燥器内气体进行排污，1 min 后关闭以上阀门。

（2）打开干燥器出气门及底部放气门，反方向对干燥器内气体进行排污 1 min 后关闭底部放气门，打开干燥器进气门。

Je5F2103　论述发电机停用后，密封油系统排油检修时的操作方法。

答：（1）当发电机静止后，应先将发电机内氢气完全置换成空气，然后将密封油系统停用。

（2）在排油前汽轮机主油箱应事先空出一定容积，准备接受发电机密封油系统的油量。

（3）打开氢、空气分离箱放油门将油排入平衡油箱内。

（4）启动主密封油泵把油打入主油箱内。

（5）将滤油器、冷却器、真空油泵管道内的存油放尽。

Je5F2104　如何用氢氧化钠配制不含 CO_3^{2-} 的标准溶液？

答：常用的方法是：取 1 份纯净的氢氧化钠置于带橡皮塞的试剂瓶中，加入 1 份水，搅拌使之溶解，配成 50% 的氢氧化钠浓溶液。在这种浓碱性溶液中，碳酸钠的溶解度很小，待碳酸钠沉淀溶解后，吸取上层澄清溶液，稀释至所需浓度。

Je5F2105　如何配制氢氧化钾溶液？并说明加入五氧化二矾的作用。

答：将碱液箱用蒸馏水冲洗干净，加入所需要量的固体氢氧化钾和蒸馏水，搅拌加速固体氢氧化钾溶解，充分混合获得均匀碱液后，取样测定其比重。当配制的碱性浓度达到电解槽运行要求后，再以每升碱液中加入 2 g 五氧化二矾的比例，将其用碱溶液溶解后倒入碱箱内，搅拌均匀后静置 24 h，使沉淀物完全沉淀。加入五氧化二矾的目的是为了防止电解槽和极板（特别是阳极板）的腐蚀。

Je5F3106　论述吸附式氢气干燥器的除湿原理。

答：吸附式干燥器为双桶热氢再生式。干燥器自带磁力驱动零泄漏离心风机，来自发电机的氢气经风机增压后先经过吸附桶脱水干燥，干燥后氢气大部分回到发电机中去，少部分流经再生桶。再生桶内装有电加热器，将氢气加热，热氢将硅胶中吸附的水分带出，经冷却后水分析出，沉积在一贮水桶内。每天定时人工排放并记录。吸附桶和再生桶的切换定时进行。

由于吸附式干燥器自带风机，因此在发电机停机时也可对发电机内气体进行干燥。

Je4F3107　论述压力调整器和储气罐安全门校验方法。

答：压力调整器安全门和储氢罐压力定值分别是 1.1 MPa 和 1.25 MPa。安全门是采用气压校验，步骤是用氧气瓶加上减压器，用氧气皮管连接安全门，安全门出口朝上横夹在台钳上，出口腔内灌满水，开启气瓶总门，徐徐调节二次表由 0.8 MPa 升到定值压力。每上升 1.1 MPa 间隔时间为 15 min，查看安全门是否动作泄漏，当定值压力动作，在升值途中有泄漏气泡时，应放气解体安全门，检查阀线的完好程度，并进行仔细研磨，同时检查弹簧，不得变形弯曲，两端面应和弹簧外径成直角，弹簧及附件应涂抹少量牛油。

Je4F3108　论述大修后储氢罐的置换方法。

答：通常采用满水法进行置换，将储氢罐顶部排气孔盖拧松，从疏水门处向大罐进纯水，待顶部排气孔满水后（且压力在 0.1 MPa），拧紧排气孔盖，停止进水。再启动电解槽或其他备用氢罐，向此罐充氢，同时从底部疏水门排水，其罐压力应不低于 0.1 MPa，至储氢罐内水排完，关闭疏水门。从疏水门或母管取样门取样，分析氢纯度，合格后即进行升压。

Je4F3109　论述氢气母管检修、运行的操作方法。

答：（1）将接在此氢母管上的发电机氢压升高至最高值。

（2）关闭制氢室至氢母管上的阀门。

（3）关闭各发电机至氢母管上的进气门。

（4）将氢母管压力释放至 0，并置换合格。

（5）进行所需的检修工作（如需动火需进行气体分析）。

（6）工作结束后，母管启用需进行排污，具体方法为：① 在制氢室对此母管充氮气；② 开启某台发电机总进气门，利用此机总进气门至补氢门之间的取样门或放气门放气；③ 充氮一段时间后化验合格，结束排污，开启制氢室至氢母管的阀门及各发电机总进气门。

Je4F3110　论述在发电机安装或大修后用肥皂液查漏时的注意事项。

答：用肥皂液查漏是一种简便有效的方法，但使用时应注意下列事项：

（1）定子两侧端面不推荐用肥皂液查漏。若采用此方法，检漏后必须用棉布制品擦干，以防生锈，棉布制品必须保证干净。

（2）发电机和氢系统中凡有电气信号输入、输出以及有绝缘的部位，如接线端子、出线绝缘子、测温元件及引出线等不能用肥皂液查漏。

（3）在用硬水作溶剂时，为确保检测效果，应用洗洁精代替肥皂。

（4）用 BX–渗透剂（拉开粉）溶液检漏，其精度高于服皂液，应尽量采用此方法。

（5）肥皂液查漏必须在 0.1 MPa 和额定氢压下各进行一次。

（6）查出漏点后应及时记录，以便于集中修补。

Je32F4111　试述采用水氢氢发电机冷却水系统的投用步骤。

答：采用水氢氢冷却方式的发电机冷却水系统投用步骤如下：

（1）检查冷却水系统设备完整良好，各种监视表计齐全，各阀门处于正常状态，冷水箱进水至正常水位，水质合格，开启线圈排汽门。

（2）启动一台冷却水泵，向发电机定子绕组充水，当定子绕组内空气排完后关闭排气门，调整进水压力为 0.2 MPa，最高不超过 0.25 MPa，调整流量在 20～30 t/h。

（3）检查冷却水系统有无漏水。

（4）开启冷却水箱补水电磁阀前、后隔离门，关闭补水电磁阀旁路门，冷水箱补水投入自动补水方式。

（5）开启备用冷却水泵出口门，投入连锁开关。

（6）随负荷的升高，调整冷水器出水温度在正常范围以内。

Je32F4112　论述发电机密封油系统的投用步骤。

答： 发电机密封油系统投用步骤如下：

（1）各密封油泵送电，联轴器盘动灵活。

（2）试验密封油箱补、排油电磁阀动作正常，灵活可靠。

（3）启动防爆风机运行。

（4）开启主油箱至空气侧密封油泵进油总门及进油门，检查系统阀门位置正常，开启空气侧交、直流密封油泵，试泵正常。连锁试验动作良好，停直流油泵。

（5）对密封油箱补油至 1/2 处，再循环调整压力泵出口压力在 0.49 MPa。

（6）开空气侧压差阀旁路门，将空气侧密封油压调整在 0.02 MPa。

（7）开启密封油箱至氢气侧油泵进油门，开启氢气侧油泵试转正常，再循环门调整出口压力在 0.49 MPa。

（8）开启两个平衡阀旁路门，保持空气侧油压大于氢气侧油压 0.001 MPa。

（9）发电机充氢气后，应及时调整密封油压，使油压大于氢气压力 0.04～0.06 MPa。

（10）系统稳定后，投入密封油系统的差压阀和平衡阀，关闭其旁路门。

（11）及时调整冷油器出口温度在正常范围。

（12）投入油泵连锁。

（13）当氢气压力大于 0.15 MPa 时，开启润滑油至密封油泵的进油总门，关闭主油箱至密封油泵的进油总门。开启润滑油至氢气侧油泵的进油门，关闭密封油箱至氢气侧油泵的进油门，密封油箱补、排油的电磁阀投入自动运行方式。

Je32F4113　试述发电机密封油系统的停用条件和方法。

答：发电机密封油系统的停用条件如下：

（1）必须在发电机置换（由氢气置换为空气）结束，盘车停用后，方可停用密封油系统。

（2）解除空气侧油泵连锁，停掉空气侧油泵。

（3）关闭补油电磁阀前、后隔离门，关闭差压阀及平衡阀前、后隔离门及旁路门。

（4）停用防爆风机。

Je32F4114　论述氢冷发电机密封试验的注意事项。

答：发电机进行密封试验时应注意：

（1）为了保证密封试验测量结果的准确，应在发电机内部的气体试验压力和温度均匀稳定 2 h 后再开始记读温度和压力值。

（2）为保护冷却器管子胀口不受损伤，可向氢冷却器通水，保持水压低于试验压力。

（3）为防止密封试验出现内漏，在发电机密封试验前，要对氢冷却器进行水压为 $4 \times 0.101\ 33$ MPa 严密性实验，6 h 维持压力不变者为合格，或是充 $4 \times 0.101\ 33$ MPa 压缩空气，将冷却器放在特制的水槽内 20 min 无气泡逸出，为合格。

对于定子水内冷系统，在总体密封试验前要进行严密性检查，其标准压力为 $5 \times 0.101\ 33$ MPa。历时 4 h 不得有渗漏。实践证明，加压时间一般控制在 $6 \sim 8$ h 为宜，否则不足以发现隐患。

（4）为防止密封瓦内漏，影响发电机总体密封试验，在查漏试验完毕后，再回装主瓦上盖，以便在试验过程中能查找密封瓦处产生的漏点。

Je32F4115　当发电机着火时，值班员应采取哪些措施？

答：（1）立即停止机组运行，但内冷水应继续保持运行，直到火完全熄灭为止。

（2）值班人员应使用灭火设备及时灭火，同时通知消防队救援，并指明具体着火的设备。

（3）启动发电机辅助油泵、顶轴油泵，避免一侧过热而导致主轴弯曲，禁止在火熄灭前，将发电机完全停下，而应保持发电机的盘车运行，随之投入盘车。

Je32F4116　发电机气体置换时的注意事项有哪些？

答：（1）不允许发电机充入中间介质在额定转速下运行。

（2）在排氢置换前，发电机的供氢管路的来氢侧应加装严密堵板。

（3）装有纯度仪的发电机，在充二氧化碳期间，应从发电机顶部汇流管取样；在充氢前，应从发电机底部汇流管取样。

（4）气体置换操作应使用防爆工具。

Jf4F3117　论述氢冷发电机灭火方法。

答：（1）按故障停机规定进行处理。

（2）迅速关闭发电机补氢门，停止向发电机补氢，并迅速打开二氧化碳门向发电机内充入二氧化碳进行排气灭火，在充入二氧化碳时应打开发电机排氢门进行排氢。

（3）在处理倒换氢气的过程中，要防止密封瓦的油漏入发电机内引起火灾或火灾事故的扩大。

（4）当转速降至 200～300 r/min 时，维持此速运行。

（5）在发电机发生火灾或爆炸时，应保证密封油设备的正常运行。

（6）立即报告有关领导。

Jf4F4118　试述电解槽容易起火部位及处理方法。

答：由于电解槽密封不良，电解液喷漏至绝缘零件上，在一定的条件下发生短路，产生很高温度。当达到绝缘零件的燃点时，引起绝缘套管燃烧和支架绝缘处着火。发生事故时，应紧急停车切断电源，同时使用二氧化碳、四氯化碳或干粉灭火器灭火，不得使用消防栓和泡沫灭火器。

Jf32F5119 论述氢冷发电机着火现象、原因、处理方法及安全措施。

答：一般现象有以下几点：

（1）运行中发电机端盖与机壳接合处、窥视孔内、出风道等部位冒烟气，有火星或闻到焦臭味。

（2）机壳内冷却气体压力升高或大幅度下降，氢气纯度降低。

（3）往往伴随着振动突变、声音异常、表计摆动以及保护动作跳闸等现象。

主要原因有以下几点：

（1）定子绕组击穿，单相接地，在故障点处拉起电弧，引起绝缘物燃烧起火。

（2）运行中导电接头过热。

（3）发电机冷却装置失效，水内冷发电机某段水路堵塞，冷却水汽化。

（4）发电机长期过负荷，造成定子和转子绕组长期过热、绝缘老化、垫块绑线炭化、接头熔化。

（5）机内进油，机壳内形成有爆炸性混合气体，遇火爆炸起火。

（6）内部匝间短路，铁芯局部高温，杂散电流引起火花等。

处理方法有以下几种：

（1）立即停机、解列并灭磁，拉开所有电源的隔离开关，确保灭火人员的人身安全。

（2）对于空冷发电机，解列灭磁后，火已熄灭，可不必再投水灭火，否则根据现场灭火装置使用规定，立即向机内喷水，直到火灾完全消灭为止。

（3）对于氢冷发电机应立即向机内充二氧化碳，同时进行排氢。

（4）对于水内冷发电机，应使冷却水泵继续运行，直到火灾完全熄灭为止。

安全措施有以下几类：

（1）避免在扑救火灾时，导致转子大轴弯曲，禁止在火熄灭前将发电机完全停下，应保持其速度为额定转速的 10%左右。

（2）如果没有水灭火装置或灭火装置发生故障不能使用时，可设法使用一切能灭火的装置及时扑灭大火，但不得使用泡沫灭火器或沙子灭火。

（3）平时做好防火工作，掌握消防规程的有关规定，进行消防练习，一旦发生火灾，能独立或配合消防人员迅速扑灭大火。

Jf32F5120 试述发电机气体置换所应具备的条件。

答：（1）密封油必须投入正常运行。

（2）气体置换应在发电机静止或盘车状态时进行。

（3）置换时气体系统的压力应保持在最低允许压力。

（4）发电机的充氢和排氢工作应借助中间介质二氧化碳或氮气进行；所需二氧化碳或氮气至少为发电机气体容积的 1.5倍。

Jf32F5121 论述冷凝式氢气干燥器的工作原理。

答：冷凝式氢气干燥器是利用制冷机将氢气降温到 0 ℃左右，使氢气中的水分饱和析出，从而降低氢气中的含水量。

干燥器跨接在发电机通风回路的高风压区和低风压区，当发电机运行时，氢气从高压区进入干燥器、冷冻脱水后的氢气经过一个热交换器，将冷氢适当升温后回到低风压区。脱出的水沉积在冷冻桶的底部，每天定时人工排放并记录。

如要提高氢气干燥程度，则需进一步降低氢气的温度，此时从氢气中脱出的水分以霜的形式凝结在蒸发器表面。当霜结到一定的程度时，需停机化霜。为了提高脱水效果，可用两台冷凝式干燥器并联运行，定时切换，一台制冷，另一台化霜。

Jf32F5122　发电机氢系统有哪些主要部件？作用是什么？

答：（1）氢气干燥装置。除去运行中发电机内氢气中的水分，确保机内湿度符合要求。

（2）氢压控制装置。维持机内氢压，对过低的氢压报警，并设置定值自动补氢。

（3）气体纯度监测变送装置。连续传感机内气体密度、纯度和压力转换为表计显示。

（4）氢、油、水系统工况监测柜。装有与氢系统有关的表计和光示牌报警音响等，接受和处理变送装置信号，就地显示机内各参数，并提供给 DEH 系统。

（5）浮子式漏液报警器。用于检测发电机是否漏液，一般防爆式漏液报警器共有 4 只，从设备的最低点引出接口。

（6）发电机内局部过热检测装置。在线监测发电机内是否有局部过热现象。

4.2 技能操作试题

4.2.1 单项操作

行业：电力工程　　　工种：电机氢冷值班员　　　　等级：初

编　号	C05A001	行为领域	e	鉴定范围	1
考核时间	30 min	题　型	A	题　分	20
试题正文	补水箱的进水操作				
需要说明的问题和要求	1. 要求单独进行操作处理 2. 现场就地操作演示，不得触动运行设备 3. 万一遇到生产事故，立即停止考核，退出现场 4. 注意安全，文明操作演示				
工具、材料、设备场地	现场实际设备				

评分标准	序号	项　目　名　称
	1	设备状况
	1.1	制氢站新安装的制氢设备
	1.2	氢冷发电机的补氢，需要采用制氢站补氢母管供给
	1.3	氢冷发电机的补水母管压力显示为 0.3 MPa
	1.4	供、制氢站的除盐水泵出口压力显示为 0.3 MPa
	2	操作
	2.1	检查供、制氢站的补水母管及除盐水泵的出口压力
	2.2	检查供、制氢站的补水母管及除盐水泵至制氢站的阀门的位置及状态
	3	关闭补水箱与外围设备及管道的阀门
	4	打开补水箱排污阀，进行补水箱进水冲洗
	5	待补水箱排污阀出口的出水清洁，关闭排污阀，待补水箱内水加满后，关闭进水阀门

227

序号	项 目 名 称
评分标准	<table><tr><td>质量要求</td><td>1. 到现场检查压力 2. 熟悉阀门所处的位置及状态 3. 按操作规程进行操作 4. 操作顺序正确 5. 先冲洗补水箱，然后将水箱加满</td></tr><tr><td>得分或扣分</td><td>1. 未到现场进行检查，扣4分 2. 阀门位置及状态不熟悉，扣4分 3. 未按操作规程进行，扣4分 4. 操作顺序不正确，扣4分 5. 水箱未进行冲洗，扣4分 以上各项操作经提示完成的，扣本题总分的50%</td></tr></table>

行业：电力工程　　　工种：电机氢冷值班员　　　等级：初

编　号	C05A002	行为领域	e	鉴定范围	4
考核时间	30 min	题　型	A	题　分	20
试题正文	氢气纯度奥氏分析仪的氢氧化钾试剂的配制				

需要说明的问题和要求	1. 要求单独进行操作处理 2. 现场就地操作演示，不得触动运行设备 3. 万一遇到生产事故，立即停止考核，退出现场 4. 注意安全，文明操作演示
工具、材料、设备场地	1. 氢气纯度奥氏分析仪一套 2. 化学纯的氢氧化钾 500 g 3. 1000 mL 烧杯一只，工业天平称一台（感量 0.1 g） 4. 定量的蒸馏水 5. 塑料瓶一只

评分标准		序号	项　目　名　称
		1	用 100 mL 量筒量取 700 mL 蒸馏水，置于 1000 mL 烧杯中
		2	用工业天平秤取取固体化学纯氢氧化钾 300 g
		3	将 300 g 的固体氢氧化钾缓慢地边搅拌边加入盛有蒸馏水的烧杯中
		4	待氢氧化钾完全溶解、冷却后置于塑料瓶中备用
	质量要求		1. 将量筒与烧杯清洗干净 2. 方法正确 3. 做好防护措施 4. 塑料瓶冲洗干净，倒入氢氧化钾
	得分或扣分		1. 量筒与烧杯未进行清洗，扣 5 分 2. 称取方法不正确，扣 5 分 3. 未做好防护措施，扣 5 分 4. 塑料瓶未进行清洗，扣 5 分 以上各项操作经提示完成的，扣本题总分的 50%

行业：电力工程　　　工种：电机氢冷值班员　　　　　等级：初

编　号	C05A003	行为领域	e	鉴定范围	4
考核时间	30 min	题　型	A	题　分	20
试题正文	奥氏气体分析仪的焦性没食子酸的溶液配制				

需要说明的问题和要求	1. 要求单独进行操作处理 2. 现场就地操作演示，不得触动运行设备 3. 万一遇到生产事故，立即停止考核，退出现场 4. 注意安全，文明操作演示
工具、材料、设备场地	1. 奥氏气体分析仪一套 2. 化学纯的焦性没食子酸 100 g 3. 800 mL 烧杯一只，工业天平秤一台（感量 0.1 g） 4. 定量的蒸馏水 5. 棕色玻璃瓶一只

评分标准		序号	项　目　名　称
		1	溶液配制 用 100 mL 量筒量取 300 mL 蒸馏水，置于 800 mL 烧杯中
		2	用工业天平称取固体化学纯焦性没食子酸 100 g
		3	将 100 g 的固体焦性没食子酸倒入盛有蒸馏水的烧杯中
		4	待焦性没食子酸完全溶解、冷却后置于棕色的玻璃瓶中备用
	质量要求		1. 将量筒与烧杯清洗干净 2. 称取方法正确 3. 将 300 mL 的蒸馏水加热 4. 将玻璃瓶冲洗干净，倒入焦性没食子酸
	得分或扣分		1. 量筒与烧杯未进行清洗，扣 5 分 2. 称取方法不正确，扣 5 分 3. 未将蒸馏水加热，扣 5 分 4. 玻璃瓶未进行清洗，扣 5 分 以上各项操作经提示完成的，扣本题总分的 50%

编　号	C05A004	行为领域	e	鉴定范围	4
考核时间	30 min	题　型	A	题　分	20

试题正文	电解槽碱液的配制

需要说明的问题和要求	1. 要求单独进行操作处理 2. 现场就地操作演示，不得触动运行设备 3. 万一遇到生产事故，立即停止考核，退出现场 4. 注意安全，文明操作演示

工具、材料、设备场地	1. 备有定量的化学纯固体氢氧化钾 2. 制氢站的蒸馏水进水水源已接通 3. 碱液循环泵电源已送上 4. 备有防护手套，防护面罩 5. 备有稀硼酸溶液

评分标准		序号	项　目　名　称
评 分 标 准		1	进行碱液箱的冲洗，待碱液箱排污阀出口出水清时，关闭排污阀
		2	将碱液箱的水位加至 1/2 处，关闭碱液箱的进水阀
		3	打开碱液箱的进碱、回碱阀，碱液过滤器的进口、出口阀，其余的阀门处于关闭状态
		4	启动碱液循环泵，缓慢倒入氢氧化钾，进行取样测定
		5	当碱液浓度达到 30%～35%，碱液温度冷却至常温，停碱液泵
	质量要求		1. 冲洗碱液箱 2. 控制好碱液箱的水位 3. 按操作规程执行 4. 做好防护措施 5. 操作顺序正确
	得分或扣分		1. 碱液箱未进行冲洗，扣4分 2. 碱液液位未控制在规定范围内，扣4分 3. 未按操作规程执行，扣4分 4. 未做好防护措施，扣4分 5. 操作顺序不正确，扣4分 以上各项操作经提示完成的，扣本题总分的50%

行业：电力工程　　　工种：电机氢冷值班员　　　等级：初

编　号	C05A005	行为领域	e	鉴定范围	4
考核时间	30 min	题　型	A	题　分	20

试题正文	电解槽中五氧化二矾的溶液配制

需要说明的问题和要求	1. 要求单独进行操作处理 2. 现场就地操作演示，不得触动运行设备 3. 万一遇到生产事故，立即停止考核，退出现场 4. 注意安全，文明操作演示

工具、材料、设备场地	1. 备有一定数量的五氧化二矾 2. 碱液箱的碱液浓度及液位在规定范围内 3. 碱液循环泵试转正常 4. 工业天平秤一台（感量 0.1 g）

评分标准	序号	项　目　名　称
	1	检查碱液箱的液位在规定范围内
	2	确定碱液浓度在规定范围内
	3	检查碱液配制状态的阀门，并启动碱液循环泵
	4	按碱液的体积加入 2‰的五氧化二矾
	质量要求	1. 到现场检查液位 2. 取样测定碱液浓度 3. 启动碱循环泵，操作正确 4. 2‰的五氧化矾计量及称量正确
	得分或扣分	1. 未到现场检查，扣 5 分 2. 未进行碱液浓度测定，扣 5 分 3. 未按操作规程执行，扣 5 分 4. 未按碱液体积加入五氧化二矾，扣 5 分

行业：电力工程　　　工种：电机氢冷值班员　　　等级：初

编　　号	C05A006	行为领域	e	鉴定范围	4
考核时间	30 min	题　　型	A	题　　分	20
试题正文	氢气湿度仪（SF-902型）的使用				
需要说明的问题和要求	1. 要求单独进行操作处理 2. 现场就地操作演示，不得触动运行设备 3. 万一遇到生产事故，立即停止考核，退出现场 4. 注意安全，文明操作演示				
工具、材料、设备场地	1. 现场实际设备 2. 氢气湿度仪（SF-902型）一台				

评分标准		序号	项　目　名　称
		1	设备状况
		1.1	氢冷发电机正常运行
		1.2	制氢站的制氢设备正常运行
		1.3	氢冷机组的干燥装置投入
		1.4	氢气湿度仪的电源接通
		2	操作
		2.1	在氢冷发电机的干燥装置出口取样
		2.2	将取样袋与湿度仪的进口连接
		2.3	按说明书要求进行流量调整
		2.4	将测得的数值按湿度仪的公式进行计算，所得的数据填入记录簿内
	质量要求		1. 确认取样点及取样方法正确 2. 确认接口正确 3. 将流量调整在规定范围内 4. 按公式进行计算
	得分或扣分		1. 取样点及方法不正确，扣5分 2. 接口不正确，扣5分 3. 未将流量调整在规定范围内，扣5分 4. 未按公式计算，扣5分 以上各项操作经提示完成的，扣本题总分的50%

行业：电力工程　　　工种：电机氢冷值班员　　　等级：初

编　号	C05A007	行为领域	e	鉴定范围	4
考核时间	30 min	题　型	A	题　分	20
试题正文	制氢站的氧气纯度（氧中氢）仪表投运				

需要说明的问题和要求	1. 要求单独进行操作处理 2. 现场就地操作演示，不得触动运行设备 3. 万一遇到生产事故，立即停止考核，退出现场 4. 注意安全，文明操作演示
工具、材料、设备场地	现场实际设备

评分标准	序号	项　目　名　称
	1	设备状况
	1.1	氢冷发电机正常运行
	1.2	制氢站储氢罐的压力偏低
	1.3	整流柜及制氢装置已启动
	2	操作
	2.1	检查氧中氢分析仪气样干燥管的硅胶、硼酸
	2.2	检查仪器完整，打开电源开关，预热 30 min
	2.3	打开氧气出口的取样阀，并调整好压力
	2.4	将检查开关打至"测量"档，并调节流量为 234 mL/min
	质量要求	1. 检查干燥管的硅胶、硼酸是否失效 2. 按操作规程执行 3. 将压力调整在规定范围内 4. 将流量调整在规定范围内
	得分或扣分	1. 硅胶、硼酸失效未进行调换，扣 5 分 2. 未进行表计预热，直接打至"测量"档，扣 5 分 3. 未将压力调整在规定范围内，扣 5 分 4. 未将流量调整在规定范围内，扣 5 分 以上各项操作经提示完成的，扣本题总分的 50%

行业：电力工程　　　工种：电机氢冷值班员　　　等级：初

编　　号	C05A008	行为领域	e	鉴定范围	4
考核时限	30 min	题　　型	A	题　　分	20
试题正文	制氢站的氢气纯度（氢中氧）仪表投运				
需要说明的问题和要求	1. 要求单独进行操作处理 2. 现场就地操作演示，不得触动运行设备 3. 万一遇到生产事故，立即停止考核，退出现场 4. 注意安全，文明操作演示				
工具、材料、设备场地	现场实际设备				
评分标准	序号	项　目　名　称			
	1	设备状况			
	1.1	氢冷发电机正常运行			
	1.2	制氢站储氢罐的压力偏低			
	1.3	整流柜及制氢装置已启动			
	2	操作			
	2.1	检查气路系统应严密。电解液及硅胶、硼酸正常			
	2.2	往气路箱稳流瓶内加约 100 cm 高的蒸馏水			
	2.3	打开氢气出口取样阀，并调整好压力			
	2.4	打开仪器电源，预热 1 h			
	2.5	将检查开关打至"测量"档，并调节流量到 234 mL/min			
	质量要求	1. 气路系统检查方法正确 2. 蒸馏水加入量控制在规定范围内 3. 将压力调整在规定范围内 4. 按操作规程执行 5. 将流量调整在规定范围内			
	得分或扣分	1. 气路系统检查方法不正确，扣 4 分 2. 未按操作规程执行，扣 4 分 3. 未将压力调整在规定范围内，扣 4 分 4. 未预热表计，直接打至"测量"档，扣 4 分 5. 未将流量调整在规定范围内，扣 4 分 以上各项操作经提示完成的，扣本题总分的 50%			

行业：电力工程　　　工种：电机氢冷值班员　　　等级：初

编　号	C05A009	行为领域	e	鉴定范围	4
考核时限	30 min	题　型	A	题　分	20
试题正文	HIFQ–CB7B 型氢气测爆仪的使用				

需要说明的问题和要求	1. 要求单独进行操作处理 2. 现场就地操作演示，不得触动运行设备 3. 万一遇到生产事故，立即停止考核，退出现场 4. 注意安全，文明操作演示
工具、材料、设备场地	1. 现场实际设备 2. HIFQ–CB7B 型氢气测爆仪一台

评分标准		序号	项　目　名　称
		1	将电源开关置于"开"位置
		2	将检测开关置于"检"位置，此时，液晶显示值为蓄电池电压
		3	将检测开关置于"测"位置，在新鲜空气中，液晶显示应为 0.01 左右，反之可调节仪器背面的"调零"电位器
		4	将仪器探头放到被测位置的10 s后，液晶可显示被测环境中氢气的浓度
		5	仪器不用时，将电源开关置于"关"位置
	质量要求		1. 熟悉测爆仪的性能 2. 按操作规程进行检测 3. 按操作规程进行调整 4. 正确使用测爆仪 5. 使用结束时关闭电源
	得分或扣分		1. 对测爆仪性能不熟悉，扣4分 2. 未按操作规程进行检测，扣4分 3. 未按操作规程进行调整，扣4分 4. 使用方法不正确，扣4分 5. 使用结束未关闭电源，扣4分 以上各项操作经提示完成的，扣本题总分的 50%

行业：电力工程　　　　工种：电机氢冷值班员　　　　等级：初

编　　号	C05A010	行为领域	e	鉴定范围	1
考核时限	30 min	题　　型	A	题　　分	20
试题正文	水电解制氢整流柜的启动				
需要说明的问题和要求	1. 要求单独进行操作处理 2. 现场就地操作演示，不得触动运行设备 3. 万一遇到生产事故，立即停止考核，退出现场 4. 注意安全，文明操作演示				
工具、材料、设备场地	1. 现场考核应在备用设备上进行 2. 无备用设备时，应做好安全防范措施 3. 备好操作工具和灭火器材				

评分标准	序号	项　目　名　称
	1	设备状况
	1.1	制氢站的电源已送上
	1.2	进制氢站的冷却水阀在开启位置
	1.3	氢、氧综合塔的现场液位与控制盘色带液位计指示相符
	1.4	制氢装置的仪表用气（控制气）及冷却水源阀门已开
	2	操作
	2.1	打开整流柜的冷却水阀门
	2.2	按规程进行阀门操作，将制氢装置的槽压、差压、槽温的记录调节仪进行设定
	2.3	启动碱液循环泵，将碱液浓度及流量控制在规定范围内
	2.4	将整流柜上"ON/OFF"开关拨至"ON"，按下启动按钮，缓慢调节"手动调压"旋钮
	2.5	将输出总电压逐步调至额定电压，以便氢、氧综合塔液位控制在规定范围内
	质量要求	1. 将冷却水流量控制在规定范围内 2. 按操作规程进行设定 3. 按操作规程执行 4. 操作顺序正确 5. 按操作规程正确调整
	得分或扣分	1. 冷却水流量未控制在规定范围内，扣3分 2. 不会设定记录调节仪，扣3分 3. 不能控制碱液流量在规定范围内，扣5分 4. 不能正确投入整流柜，扣5分 5. 整流柜启动后，没有进行逐步调节，扣4分 整流柜不能启动不得分，经提示完成的，扣本题总分的50%

行业：电力工程　　　　工种：电机氢冷值班员　　　　等级：初

编　号	C05A011	行为领域	e	鉴定范围	1
考核时限	30 min	题　型	A	题　分	20
试题正文	制氢站整流柜的停用				

需要说明的问题和要求	1. 要求单独进行操作处理 2. 现场就地操作演示，不得触动运行设备 3. 万一遇到生产事故，立即停止考核，退出现场 4. 注意安全，文明操作演示
工具、材料、设备场地	1. 现场考核应在备用设备上进行 2. 无备用设备时，应做好安全防范措施 3. 备好操作工具和灭火器材

	序号	项　目　名　称
评分标准	1	设备状况
	1.1	制氢站的储氢罐的压力显示为 2.5 MPa
	1.2	氢、氧综合塔的液位显示在中部
	1.3	整流柜的总电压为 44 V，总电流为 500 A
	2	操作
	2.1	先缓慢调节整流柜上的"手动调压"旋钮，使整流柜的输出总电流为 300 A 左右
	2.2	然后将制氢装置的槽温记录调节仪给定值调至"0"，槽温的调节阀在"开"的位置
	2.3	间隔 10 min 左右，再调节整流柜的"手动调压"旋钮，使的输出电流为 150 A 左右
	2.4	再间隔 10 min 左右，再次调节整流柜的"手动调压"旋钮，使总的输出电流为"0"，按停止按钮，将整流"ON/OFF"开关拨至"OFF"位置
	2.5	当槽温的测量值低于 50 ℃时，逐步调节槽压记录调节仪，直至槽压压力为"0"
	2.6	当槽温的测量值低于 30 ℃时，按碱液循环泵停止按钮，所有阀门保持原状
	2.7	将整流柜及制氢装置的冷却水阀关闭
	2.8	将制氢装置的槽压、差压、槽温的记录调节仪的电源关闭，制氢装置控制柜的总电源开关切至"断"位置，制氢设备的控制气源关断

序号	项 目 名 称

<table>
<tr><td rowspan="2">评分标准</td><td>质量要求</td><td>

1. 按操作规程进行调节

2. 按操作规程执行、调整和检查

3. 按操作规程进行调压

4. 按操作规程执行

5. 操作顺序正确，先降温后降压

6. 槽温达到 30 ℃，再停碱循环泵

7. 将冷却水阀门关闭

8. 将仪表及控制柜的电源切断

</td></tr>
<tr><td>得分或扣分</td><td>

1. 未缓慢调节整流柜输出总电流，扣 2 分

2. 未将槽温记录调节仪给定值调到"0"，扣 2 分

3. 未分两次调节整流柜输出总电流，扣 2 分

4. 整流柜停用时，盘面开关操作不正确，扣 4 分

5. 操作顺序不正确，扣 4 分

6. 槽温不到位便停循环泵，扣 2 分

7. 未将阀门关闭，扣 2 分

8. 未将电源切断，扣 2 分

以上各项操作经提示完成的，扣本题总分的 50%

</td></tr>
</table>

行业：电力工程　　　工种：电机氢冷值班员　　　等级：初

编　　号	C05A012	行为领域	e	鉴定范围	1
考核时限	30 min	题　　型	A	题　　分	20
试题正文	水电解制氢装置的启动				
需要说明的问题和要求	1. 要求单独进行操作处理 2. 现场就地操作演示，不得触动运行设备 3. 万一遇到生产事故，立即停止考核，退出现场 4. 注意安全，文明操作演示				
工具、材料、设备场地	1. 现场考核应在备用设备上进行 2. 无备用设备时，应做好安全防范措施 3. 备好操作工具和灭火器材				

评分标准		序号	项　目　名　称
		1	设备状况
		1.1	氢冷发电机组正常运行
		1.2	制氢站储氢罐的压力为 1.2 MPa
		1.3	氢、氧综合塔液位在额定范围内
		1.4	补水泵及碱液泵在停止状态
		2	操作
		2.1	检查氢、氧综合塔的液位
		2.2	检查氢、氧综合塔的冷却水及控制气源的压力
		2.3	将补水泵及碱液泵进行试转
		2.4	将碱液控制在规定范围内
	质量要求		1. 控制室与现场的液位是否相符 2. 控制气源及冷却水压力是否在规定范围内 3. 按操作规程执行 4. 测定碱液浓度
	得分或扣分		1. 未进行检查，扣 5 分 2. 未及时调整，扣 5 分 3. 未按操作规程执行，扣 5 分 4. 碱液浓度未控制在规定范围内，扣 5 分 以上各项操作经提示完成的，扣本题总分的 50%

编　号	C05A013	行为领域	e	鉴定范围	1
考核时限	30 min	题　型	A	题　分	20
试题正文	制氢站水电解制氢装置的停用				
需要说明的 问题和要求	1. 要求单独进行操作处理 2. 现场就地操作演示，不得触动运行设备 3. 万一遇到生产事故，立即停止考核，退出现场 4. 注意安全，文明操作演示				
工具、材料、 设备场地	1. 现场考核应在备用设备上进行 2. 无备用设备时，应做好安全防范措施 3. 备好操作工具和灭火器材				

	序号	项　目　名　称
评 分 标 准	1	设备状况
	1.1	制氢站的储氢罐的压力显示为 2.5 MPa
	1.2	制氢装置的槽压显示为 3.0 MPa，氢气出口压力为 2.7 MPa
	1.3	氢、氧综合塔的液位显示在中部
	2	操作
	2.1	打开氢气出口排空阀，关闭氢气出口阀
	2.2	将控制柜上的补水开关切至"断"，液位连锁开关切至"消除"档
	2.3	先将整流柜停用，再将控制柜上的槽温调节仪的设定值调至"0"，检查槽温的调节阀在"开"的位置
	2.4	调节碱液过滤器出口阀，碱液流量调至 600～800 L/h，待电解液温度降至 50 ℃时，打开氧气、氢气排空门，再操作槽压调节仪，进行电解槽的槽压泄压，使电解槽压力泄至"0"
	2.5	待碱液温度至常温时，停用碱液泵
	2.6	关闭氢气排空阀、氧气排空阀，将制氢装置的系统阀门保持原状
	2.7	关闭控制柜上槽温、槽压、差压的记录调节仪的电源
	2.8	关闭整流柜及制氢装置的冷却水阀、制氢装置及控制柜的控制气阀，将控制柜上电源开关切至"断"位置
	2.9	最后对所有的设备进行检查

续表

	序号	项 目 名 称
评分标准	质量要求	1. 按规程规定正确操作 2. 按规程规定顺序正确 3. 将控制柜上的仪表电源关闭 4. 将电源、气源、水源关闭 5. 按操作规程进行检查
	得分或扣分	1. 未开氢气出口排空阀，扣 2 分 2. 控制盘上有关按钮未切到正确位置，扣 2 分 3. 未将槽温记录调节仪设定到"0"，扣 2 分 4. 碱循环流量未调节，扣 2 分 5. 碱液温度未达到规定温度就停泵，扣 2 分 6. 操作顺序不正确，扣 3 分 7. 仪表电源未关，扣 2 分 8. 电源、气源、水源未关，扣 2 分 9. 未进行检查，扣 3 分 以上各项操作经提示完成的，扣本题总分的 50%

242

编　号	C04A014	行为领域	e	鉴定范围	1
考核时限	30 min	题　型	A	题　分	20
试题正文	水电解制氢装置的启动				
需要说明的问题和要求	1. 要求单独进行操作处理 2. 现场就地操作演示，不得触动运行设备 3. 万一遇到生产事故，立即停止考核，退出现场 4. 注意安全，文明操作演示				
工具、材料、设备场地	1. 现场考核应在备用设备上进行 2. 无备用设备时，应做好安全防范措施 3. 备好操作工具和灭火器材				

	序号	项　目　名　称
评分标准	1	设备状况
	1.1	干燥装置控制柜无电源显示
	1.2	干燥装置无冷却水
	1.3	制氢装置的氢气纯度已合格
	2	操作
	2.1	打开干燥装置的冷却水阀及控制气阀
	2.2	将干燥装置控制柜的电源开关切至"通"
	2.3	对干燥装置的时间继电器进行设置
	2.4	现场检查阀门状态是否正确
	2.5	打开制氢装置的氢气出口阀，关闭氢气的排空阀
	2.6	待干燥装置的进、出口压力表指示为 0.5 MPa 时，打开干燥装置的排空阀，进行冲洗
	2.7	待冲洗合格后，进行干燥装置的出口压力设定
	2.8	待氢气湿度达到要求时，打开干燥装置的出口阀，关闭干燥装置的排空阀

序号	项 目 名 称

<table>
<tr><td rowspan="2">评分标准</td><td>质量要求</td><td>1. 将冷却水压力及控制气压力调整在规定范围内
2. 确认设备，以防跑错仓位
3. 按操作规程进行设置
4. 现场核对阀门状态
5. 切换氢气出口阀、排空阀正确
6. 保持干燥装置系统有一定的压力
7. 出口压力的设定应高于储氢罐的压力
8. 先开出口阀，再关排空阀，顺序正确</td></tr>
<tr><td>得分或扣分</td><td>1. 未将压力调整在规定范围内，扣 2 分
2. 设备不熟悉，扣 2 分
3. 未按操作规程进行设置时间继电器，扣 3 分
4. 未进行现场核对阀门状态，扣 2 分
5. 未切换氢气出口阀、排空阀，扣 3 分
6. 对系统设备不熟悉，扣 3 分
7. 不熟悉压力设定，扣 2 分
8. 先开出口阀，后关排空阀，顺序不正确，扣 3 分
以上各项操作经提示完成的，扣本题总分的 50%</td></tr>
</table>

行业：电力工程　　　工种：电机氢冷值班员　　　等级：中

编　　号	C04A015	行为领域	e	鉴定范围	1
考核时限	30 min	题　型	A	题　　分	20
试题正文	制氢站干燥装置的停用				
需要说明的问题和要求	1. 要求单独进行操作处理 2. 现场就地操作演示，不得触动运行设备 3. 万一遇到生产事故，立即停止考核，退出现场 4. 注意安全，文明操作演示				
工具、材料、设备场地	1. 现场考核应在备用设备上进行 2. 无备用设备时，应做好安全防范措施 3. 备好操作工具和灭火器材				

评分标准	序号	项　目　名　称			
	1	设备状况			
	1.1	储氢罐压力显示为 2.5 MPa			
	1.2	氢气干燥装置的进、出口压力表显示为 2.65 MPa			
	1.3	制氢整流柜及制氢装置正常运行			
	2	操作			
	2.1	先打开制氢装置的排空阀，然后关闭制氢装置的出口阀			
	2.2	先打开干燥装置的氢排空阀，然后关闭干燥装置的氢气出口阀			
	2.3	将控制柜上的塔底温度"ON/OFF"开关置于"OFF"			
	2.4	当干燥装置压力降至 0.5 MPa 时，关闭干燥装置的排空阀，将干燥装置控制柜的电源切至"断"位置			
	质量要求	1. 操作顺序正确 2. 按操作规程执行 3. 认真操作，无漏项 4. 阀门位置熟悉，切换迅速			
	得分或扣分	1. 未切换排空阀、出口阀，扣5分 2. 操作顺序不正确，扣5分 3. 未按操作规程执行，扣5分 4. 阀门、设备系统不熟悉，扣5分 以上各项操作经提示完成的，扣本题总分的50%			

行业：电力工程　　　　工种：电机氢冷值班员　　　　等级：中

编　号	C04A016	行为领域	e	鉴定范围	2
考核时限	30 min	题　型	A	题　分	20
试题正文	水电解制氢装置的气密性试验				

需要说明的问题和要求	1. 要求单独进行操作处理 2. 现场就地操作演示，不得触动运行设备 3. 万一遇到生产事故，立即停止考核，退出现场 4. 注意安全，文明操作演示
工具、材料、设备场地	1. 现场考核应在备用设备上进行 2. 无备用设备时，应做好安全防范措施 3. 备好操作工具和灭火器材

评分标准	序号	项　目　名　称
	1	设备状况
	1.1	大修后的制氢装置
	1.2	制氢装置的所有阀门在关闭状态
	1.3	氢、氧综合塔无液位显示
	2	操作
	2.1	清洗除去各部件内的机械杂质
	2.2	将氢、氧综合塔液位控制在液位计中部
	2.3	打开电解槽与氢、氧综合塔相关的阀门
	2.4	将氮气瓶与充氮口连接好
	2.5	检查各阀门、管道和法兰是否有泄漏
	2.6	气密性试验结束后，进行排污泄压处理
	质量要求	1. 按要求对制氢装置进行清洗 2. 根据要求控制好液位 3. 现场检查各阀门状态 4. 熟悉减压阀的特性 5. 了解制氢系统的查漏方法 6. 按操作规程进行排污泄压
	得分或扣分	1. 未进行清洗，扣 4 分 2. 液位未控制在规定范围内，扣 3 分 3. 未到现场检查，扣 3 分 4. 不会使用减压阀，扣 3 分 5. 不熟悉查漏方法及不会处理，扣 3 分 6. 未执行排污泄压，扣 4 分 以上各项操作经提示完成的，扣本题总分的 50%

行业：电力工程　　　工种：电机氢冷值班员　　　等级：中

编　　号	C04A017	行为领域	e	鉴定范围	2
考核时限	30 min	题　　型	A	题　　分	20
试题正文	制氢站干燥装置的气密性试验				
需要说明的 问题和要求	1. 要求单独进行操作处理 2. 现场就地操作演示，不得触动运行设备 3. 万一遇到生产事故，立即停止考核，退出现场 4. 注意安全，文明操作演示				
工具、材料、 设备场地	1. 现场考核应在备用设备上进行 2. 无备用设备时，应做好安全防范措施 3. 备好操作工具和灭火器材				

评分标准		序号	项　目　名　称
评 分 标 准		1	设备状况
		1.1	新安装的干燥装置
		1.2	干燥装置所有阀门处于关闭状态
		1.3	制氢站控制气源无指示
		2	操作
		2.1	联系开出控制气源，并打开干燥装置的控制气源进气阀
		2.2	检查干燥装置的仪器、仪表、电器阀门齐全正常
		2.3	将氮气瓶与干燥装置的充氮口连接好
		2.4	检查各阀门、管道和法兰是否有泄漏
		2.5	待泄漏率达到要求时，再用氮气进行吹扫
		2.6	进行冷却水系统查漏
	质量 要求		1. 将控制气源调整在 0.6 MPa 左右 2. 熟悉干燥装置的控制状态 3. 熟悉减压阀的特性 4. 了解制氢系统的查漏方法 5. 按操作规程执行 6. 正确进行冷却水系统查漏
	得分或 扣分		1. 气源压力未控制在规定范围内，扣 4 分 2. 未进行检查，扣 3 分 3. 减压阀使用不正确，扣 3 分 4. 查漏方法不正确，扣 3 分 5. 未按操作规程执行，扣 3 分 6. 未按操作规程进行冷却水系统查漏，扣 4 分 以上各项操作经提示完成的，扣本题总分的 50%

行业：电力工程　　　工种：电机氢冷值班员　　　等级：中

编　　号	C04A018	行为领域	e	鉴定范围	2
考核时限	30 min	题　　型	A	题　　分	20
试题正文	制氢站干燥装置的气密性试验				
需要说明的问题和要求	1. 要求单独进行操作处理 2. 现场就地操作演示，不得触动运行设备 3. 万一遇到生产事故，立即停止考核，退出现场 4. 注意安全，文明操作演示				
工具、材料、设备场地	1. 现场考核应在备用设备上进行 2. 无备用设备时，应做好安全防范措施 3. 备好操作工具和灭火器材				

评分标准		序号	项　目　名　称
		1	设备状况
		1.1	新安装和大修后的储氢罐及减压罐
		1.2	储氢罐和减压罐的所有阀门处于关闭状态
		1.3	现场配备经干燥后的压缩空气
		2	操作
		2.1	拆下储氢罐及减压罐的安全阀
		2.2	检查储氢罐和减压罐的进、出口阀的状态
		2.3	软胶管与储氢罐和减压罐排污阀连接好
		2.4	向储氢罐和减压罐进水
		2.5	将氮气瓶与框架充氮口连接好
		2.6	检查各阀门、管道和法兰是否有泄漏
	质量要求		1. 拆安全阀的方法正确 2. 现场检查阀门状态 3. 软管与储氢罐及减压罐的连接接口正确 4. 按操作规程执行 5. 氮气瓶与框架的充氮口连接方法正确 6. 使用正确的查漏方法
	得分或扣分		1. 拆安全阀的方法不正确，扣4分 2. 未进行现场检查，扣3分 3. 连接接口不正确，扣3分 4. 未按操作规程执行，扣3分 5. 连接方法不正确，扣3分 6. 未进行查漏或查漏方法不正确，扣4分 以上各项操作经提示完成的，扣本题总分的50%

行业：电力工程　　　　工种：电机氢冷值班员　　　　等级：中

编　号	C04A019	行为领域	e	鉴定范围	1
考核时限	30 min	题　型	A	题　分	20
试题正文	制氢站干燥装置的气密性试验				
需要说明的问题和要求	1. 要求单独进行操作处理 2. 现场就地操作演示，不得触动运行设备 3. 万一遇到生产事故，立即停止考核，退出现场 4. 注意安全，文明操作演示				
工具、材料、设备场地	1. 现场考核应在备用设备上进行 2. 无备用设备时，应做好安全防范措施 3. 备好操作工具和灭火器材				

	序号	项　目　名　称
评分标准	1	设备状况
	1.1	氢冷发电机的氢压显示为 0.28 MPa
	1.2	制氢站的储氢罐的压力为 2.4 MPa
	1.3	制氢站的减压罐的压力为 0.86 MPa
	1.4	补氢母管压力为 0.28 MPa
	2	操作
	2.1	值长通知要求补氢
	2.2	联系氢冷发电机的值班员，询问补氢方式
	2.3	打开补氢母管总进气阀，缓慢调节母管上针形调节阀
	2.4	打开减压罐的进、出口阀，缓慢调节减压罐出口针形阀
	2.5	观察减压罐的氢压下降，补氢母管氢压上升是否正常
	2.6	待补氢结束时，根据减压罐的下降压力，计算出补氢量
	质量要求	1. 熟悉补氢母管状态 2. 及时联系，明确补氢方式 3. 减压阀操作正确 4. 现场阀门位置熟悉 5. 分析、判断正确 6. 按补氢计算公式进行计算，及时汇报
	得分或扣分	1. 对补氢状态不熟悉，扣 4 分 2. 未及时联系，扣 3 分 3. 减压阀调节操作不正确，扣 3 分 4. 现场阀门位置不熟悉，扣 3 分 5. 分析、判断不正确，扣 3 分 6. 补氢量计算不正确，扣 4 分 以上各项操作经提示完成的，扣本题总分的 50%

行业：电力工程　　　工种：电机氢冷值班员　　　等级：中

编　　号	C04A020	行为领域	e	鉴定范围	1
考核时限	30 min	题　型	A	题　分	20
试题正文	水电解制氢装置运行中的手动补水操作				
需要说明的 问题和要求	1. 要求单独进行操作处理 2. 现场就地操作演示，不得触动运行设备 3. 万一遇到生产事故，立即停止考核，退出现场 4. 注意安全，文明操作演示				
工具、材料、 设备场地	1. 现场考核应在备用设备上进行 2. 无备用设备时，应做好安全防范措施 3. 备好操作工具和灭火器材				

评分标准	序号	项　目　名　称
	1	设备状况
	1.1	控制柜氢、氧色带仪显示液位接近下限
	1.2	现场氢、氧综合塔液位显示处于下限
	1.3	控制柜上液位"连锁/消除"开关，处于连锁位置
	1.4	补水泵的"手动/自动"档，处于"自动"位置
	2	操作
	2.1	检查控制柜与现场的液位是否相符
	2.2	检查控制柜上的液位连锁及补水泵的连锁位置是否正确
	2.3	检查补水泵的电源及补水系统的阀门是否正确
	2.4	将控制柜上的液位连锁切至"消除"档，补水泵的连锁切至"手动"档
	2.5	如有缺陷，及时联系有关部门进行消缺处理
	2.6	待消缺处理后，进行手动补水操作。按下补水泵启动按钮，当液位上升至氢、氧综合塔高位，按下补水泵停止按钮，手动补水结束
	质量 要求	1. 正确判断需补水的液位 2. 现场阀门位置、系统熟悉 3. 按操作规程进行检查 4. 按操作规程进行操作 5. 及时联系处理 6. 补水后，氢、氧液位保持平衡
	得分或 扣分	1. 补水时，判断氢综合塔液位不正确，扣3分 2. 现场阀门位置、系统不熟悉，扣3分 3. 未按操作规程进行检查，扣4分 4. 未按操作规程进行操作，扣3分 5. 未及时联系处理，扣3分 6. 补水后，氢、氧液位不平衡，扣4分 以上各项操作经提示完成的，扣本题总分的50%

行业：电力工程　　　工种：电机氢冷值班员　　　等级：高

编　　号	C03A021	行为领域	e	鉴定范围	1
考核时限	30 min	题　　型	A	题　分	20
试题正文	整流柜运行时，冷却水压力低的处理				
需要说明的问题和要求	1. 要求单独进行操作处理 2. 现场就地操作演示，不得触动运行设备 3. 万一遇到生产事故，立即停止考核，退出现场 4. 注意安全，文明操作演示				
工具、材料、设备场地	1. 现场考核应在备用设备上进行 2. 无备用设备时，应做好安全防范措施 3. 备好操作工具和灭火器材				

评分标准	序号	项　目　名　称
	1	设备状况
	1.1	制氢装置报警整流柜跳脱
	1.2	整流柜上报警显示为冷却水压力低
	1.3	检查发现整流柜冷却水风扇流量计处于停止状态
	2	操作
	2.1	将制氢装置的氢排空阀打开，氢出口阀关闭
	2.2	检查制氢站进口冷却水压力是否正常
	2.3	若无压力显示，检查冷却水进口阀的开度是否正常
	2.4	若氢站冷却水进口阀开度正常，压力仍无显示时，应联系值长，要求提高冷却水压力
	2.5	若制氢站进口压力有显示时，应检查整流柜的冷却水阀门开度是否正常
	2.6	整流柜压力表仍无压力显示时，确认阀芯是否脱落
	2.7	待整流柜冷却水压力调整至规定范围内，再次启动整流柜
	质量要求	1. 按规程规定正确处理 2. 现场检查并进行调整 3. 分析、判断正确 4. 及时联系值长 5. 正确确认冷却水低的故障点 6. 判断正确，及时联系处理 7. 调整在规定范围内
	得分或扣分	1. 未将制氢装置排空阀开启，扣 3 分 2. 未到现场进行调整，扣 3 分 3. 分析、判断不正确，扣 3 分 4. 未及时联系值长，扣 2 分 5. 阀门位置、系统不熟悉，扣 3 分 6. 未及时联系处理，扣 3 分 7. 未进行调整，扣 3 分 以上各项操作经提示完成的，扣本题总分的 50%

行业：电力工程　　　工种：电机氢冷值班员　　　等级：高

编　号	C03A022	行为领域	e	鉴定范围	1
考核时限	30 min	题　型	A	题　分	20
试题正文	制氢装置运行时，冷却水压力低的处理				
需要说明的问题和要求	1. 要求单独进行操作处理 2. 现场就地操作演示，不得触动运行设备 3. 万一遇到生产事故，立即停止考核，退出现场 4. 注意安全，文明操作演示				
工具、材料、设备场地	1. 现场考核应在备用设备上进行 2. 无备用设备时，应做好安全防范措施 3. 备好操作工具和灭火器材				

评分标准	序号	项　目　名　称
	1	现象
	1.1	制氢装置运行时，槽温升高
	1.2	碱液循环温度有上升趋势
	1.3	槽温调节仪的测量值超出给定值，冷却水阀门开度在70%左右
	2	处理
	2.1	检查槽温温度与氢气温度和氧气温度的上升趋势是否一致
	2.2	若氢、氧温度表与槽温温度上升趋势相符时，调整碱液循环泵的出口阀，使流量控制在600～800 L/h
	2.3	等待30 min后，若槽温仍无下降趋势，应检查冷却水调节阀的开度是否正常
	2.4	若冷却水阀门开度正常，应检查制氢站的冷却水进口压力
	2.5	若进口压力低于0.3 MPa时，联系值长，要求提高冷却水进口压力
	质量要求	1. 分析、判断正确 2. 按操作规程进行调整 3. 现场阀门设备、系统熟悉 4. 熟悉制氢站的冷却水压力范围 5. 及时联系，调整冷却水压力
	得分或扣分	1. 分析、判断不正确，扣4分 2. 未按操作规程进行调整，扣4分 3. 阀门位置、系统不熟悉，扣4分 4. 不熟悉制氢站冷却水压力范围，扣4分 5. 未及时联系和调整，扣4分 以上各项操作经提示完成的，扣本题总分的50%

行业：电力工程　　　工种：电机氢冷值班员　　　等级：高

编　　号	C03A023	行为领域	e	鉴定范围	1
考核时限	30 min	题　型	A	题　分	20
试题正文	干燥装置的控制气源压力低的处理				
需要说明的问题和要求	1. 要求单独进行操作处理 2. 现场就地操作演示，不得触动运行设备 3. 万一遇到生产事故，立即停止考核，退出现场 4. 注意安全，文明操作演示				
工具、材料、设备场地	1. 现场考核应在备用设备上进行 2. 无备用设备时，应做好完全防范措施 3. 备好操作工具和灭火器材				

	序号	项　目　名　称
评 分 标 准	1	现象
	1.1	制氢装置运行时，发生氢后压压力高，报警跳脱
	1.2	制氢站的进口控制气源为 0.45 MPa
	1.3	干燥装置的进、出口压力相等
	2	处理
	2.1	打开制氢装置的排空阀，关闭制氢装置的出口阀
	2.2	现场检查干燥装置的阀门开启状态是否正常
	2.3	若阀门开启状态与运行状态不相符，应检查干燥装置的控制气源阀
	2.4	若控制气源阀开度正常，应检查制氢站进口控制气源的压力
	2.5	若进口控制气源压力低于规定值，应联系值长，要求提高控制气源压力
	2.6	若控制气源压力在规定范围内，干燥装置阀门仍与运行状态不相符
	2.7	联系有关专业人员进行消缺处理
	质量要求	1. 操作顺序正确 2. 熟悉设备运行状况 3. 分析、判断正确 4. 熟悉制氢站控制气源的压力范围 5. 及时联系，并调整压力在规定范围内 6. 熟悉干燥装置运行各阶段阀门的位置 7. 及时联系，进行消缺处理
	得分或扣分	1. 操作顺序不正确，扣 2 分 2. 运行设备不熟悉，扣 3 分 3. 分析、判断不正确，扣 3 分 4. 对制氢站控制气源压力范围不熟悉，扣 3 分 5. 未及时联系和调整，扣 3 分 6. 对干燥装置运行各阶段阀门位置不熟悉，扣 3 分 7. 未及时消缺处理，扣 3 分 以上各项操作经提示完成的，扣本题总分的 50%

编　号	C03A024	行为领域	e	鉴定范围	1
考核时限	30 min	题　型	A	题　分	20
试题正文	干燥装置的露点达不到要求时的处理				
需要说明的问题和要求	1. 要求单独进行操作处理 2. 现场就地操作演示，不得触动运行设备 3. 万一遇到生产事故，立即停止考核，退出现场 4. 注意安全，文明操作演示				
工具、材料、设备场地	1. 现场考核应在备用设备上进行 2. 无备用设备时，应做好安全防范措施 3. 备好操作工具和灭火器材				

评分标准	序号		项　目　名　称
	1		现象
	1.1		制氢站进口冷却水压力为 0.05 MPa
	1.2		电解槽出口的氢气温度为 40 ℃
	1.3		干燥装置状态为干燥器Ⅰ工作，干燥器Ⅱ再生
	1.4		干燥装置的氢气出口的露点仪显示为−10 ℃
	2		处理
	2.1		打开气水分离器、冷凝器的疏水阀进行疏水
	2.2		联系热工值班员对氢湿度仪进行检查
	2.3		提高制氢站的冷却水进口压力
	2.4		调整制氢装置的氢气出口温度在规定范围内
	2.5		延长加热时间或提高加热温度
	2.6		如湿度仍达不到要求，检查干燥装置的分子筛是否失效
	2.7		如干燥装置的分子筛失效，应联系有关专业人员进行调换处理
	质量要求		1. 进行疏水操作 2. 及时联系热工值班员 3. 将冷却水压力调整在规定范围内 4. 熟悉温控仪的操作 5. 干燥装置运行各阶段的时间设置 6. 分析、判断正确 7. 及时联系处理
	得分或扣分		1. 未进行疏水，扣 3 分 2. 未及时联系热工值班员，扣 2 分 3. 冷却水压力未进行调整，扣 3 分 4. 不会操作温控仪，扣 3 分 5. 干燥装置运行时各阶段的时间不会设定，扣 3 分 6. 分析、判断不正确，扣 3 分 7. 未联系处理，扣 3 分 以上各项操作经提示完成的，扣本题总分的 50%

编　号	C03A025	行为领域	f	鉴定范围	1
考核时限	30 min	题　型	A	题　分	20
试题正文	制氢站灭火处理				

需要说明的问题和要求	1. 要求单独进行操作处理 2. 现场就地操作演示，不得触动运行设备 3. 万一遇到生产事故，立即停止考核，退出现场 4. 注意安全，文明操作演示
工具、材料、设备场地	1. 现场考核应在备用设备上进行 2. 无备用设备时，应做好安全防范措施 3. 备好操作工具和灭火器材

	序号	项　目　名　称
评 分 标 准	1	现象
	1.1	制氢站制氢设备及干燥装置正常运行
	1.2	干燥装置的塔底加热温度表指示在 120 ℃
	1.3	干燥装置进行疏水阀开启时，听到较响的排气声，静电摩擦突然起火
	1.4	发现干燥装置的进、出口压力急剧下降
	1.5	控制室干燥装置的氢泄漏测爆仪报警
	2	处理
	2.1	立即关闭干燥装置疏水阀，停止疏水
	2.2	及时拨打火警电话119
	2.3	取出二氧化碳灭火器，对准着火点进行灭火
	2.4	取出石棉布或湿的麻袋，覆盖于着火点
	2.5	待着火点处的火扑灭后，进行查看有无复燃的火星，并清理现场
	质量要求	1. 分析、判断正确 2. 及时拨打电话 3. 正确使用灭火器 4. 熟悉氢气着火时其他扑救方法 5. 检查、确认无复燃现象
	得分或扣分	1. 分析、判断不正确，扣4分 2. 未及时拨打火警电话，扣4分 3. 使用灭火器方法不正确，扣4分 4. 对氢气扑救不会使用其他方法，扣4分 5. 灭火结束后，现场未清理，扣4分 以上各项操作经提示完成的，扣本题总分的50%

4.2.2　多项操作

行业：电力工程　　　工种：电机氢冷值班员　　　等级：初

编　号	C05B026	行为领域		e	鉴定范围	4
考核时限	60 min	题　型		B	题　分	30
试题正文	奥氏分析仪的试剂配制及调换					
需要说明的 问题和要求	1. 要求单独进行操作处理 2. 现场就地操作演示，不得触动运行设备 3. 万一遇到生产事故，立即停止考核，退出现场 4. 注意安全，文明操作演示					
工具、材料、 设备场地	1. 奥氏气体分析仪一套 2. 工业天平一台（感量 0.1 g） 3. 100 mL 量筒和 1000 mL 烧杯各一只 4. 塑料瓶和棕色瓶各一只 5. 一定数量的化学纯氢氧化钾和焦性没食子酸					
评 分 标 准	序号	项　目　名　称				
	1	用 100 mL 量筒量取 700 mL 蒸馏水，置于 1000 mL 烧杯中，用工业天平称取固体化学纯氢氧化钾 300 g				
	2	将 300 g 的固体氢氧化钾缓慢地边搅拌边加入盛有蒸馏水的烧杯中，待氢氧化钾完全溶解、冷却后，置于塑料瓶中备用				
	3	用 100 mL 量筒量取 300 mL 蒸馏水，置于 800 mL 烧杯中，用工业天平称取固体化学纯焦性没食子酸 100 g				
	4	将 100 g 的固体焦性没食子酸，倒入盛有热蒸馏水的烧杯中，待焦性没食子酸完全溶解、冷却后，置于棕色的玻璃瓶中备用				
	5	将奥氏分析仪内的试剂倒掉，用蒸馏水冲洗干净、吹干待用				
	6	将氢氧化钾与焦性没食子酸混合溶液注入氧气吸收瓶中，加入 5 mm 高的液蜡				
	7	将30%的氢氧化钾溶液注入二氧化碳吸收瓶中，加入 5 mm 高的液蜡				
	8	在装有热蒸馏水的瓶中加入数滴甲基橙指示剂，再加入数滴硫酸溶液至红色				

	序号	项 目 名 称
评 分 标 准	质量 要求	1. 将量筒与烧杯清洗干净，称取方法正确 2. 做好防护措施，将塑料瓶冲洗干净，倒入氢氧化钾 3. 将量筒与烧杯清洗干净，称取方法正确 4. 将 300 mL 的蒸馏水加热，将玻璃瓶冲洗干净，倒入焦性没食子酸 5. 操作方法正确 6. 按操作规程执行 7. 按操作规程执行 8. 操作顺序正确
	得分或 扣分	1. 量筒与烧杯未进行清洗或称取方法不正确，扣 3 分 2. 未做好防护措施或塑料瓶未进行清洗，扣 4 分 3. 量筒与烧杯未进行清洗或称取方法不正确，扣 4 分 4. 未将蒸馏水加热或玻璃瓶未进行清洗，扣 3 分 5. 操作方法不正确，扣 4 分 6. 未按操作规程执行，扣 4 分 7. 未按操作规程执行，扣 4 分 8. 操作顺序不正确，扣 4 分 以上各项操作经提示完成的，扣本题总分的 50%

行业：电力工程　　　　工种：电机氢冷值班员　　　　等级：初

编　号	C05B027	行为领域	e	鉴定范围	4
考核时限	60 min	题　型	B	题　分	30
试题正文	水电解制氢装置启动前配碱				
需要说明的 问题和要求	1. 要求单独进行操作处理 2. 现场就地操作演示，不得触动运行设备 3. 万一遇到生产事故，立即停止考核，退出现场 4. 注意安全，文明操作演示				
工具、材料、 设备场地	1. 备有一定量的化学纯固体氢氧化钾和五氧化二矾 2. 制氢站的蒸馏水进水水源已接通 3. 碱液循环泵电源已送上 4. 备有防护手套、防护面罩及稀硼酸溶液				

评 分 标 准	序号	项　目　名　称
	1	进行碱液箱的冲洗，待碱液箱排污阀出口出水清时，关闭排污阀
	2	将碱液箱的水位加至 1/2 处，关闭碱液箱的进水阀
	3	打开碱液箱的进碱、回碱阀，碱液过滤器的进口、出口阀，其余的阀门处于关闭状态
	4	启动碱液循环泵，缓慢倒入氢氧化钾，进行取样测定
	5	当碱液浓度达到 30%～35%，碱液温度冷却至常温
	6	按碱液的体积加入 2‰ 的五氧化二矾
	7	待五氧化二矾完全溶解后，停碱液泵，并对所有的设备进行检查
	质量 要求	1. 对碱液箱进行冲洗 2. 控制好碱液箱的水位 3. 按操作进程进行 4. 做好防护措施 5. 将碱液浓度配制在规定范围内 6. 按操作规程进行 7. 结束后应进行检查
	得分或 扣分	1. 碱液箱未进行冲洗，扣 4 分 2. 碱液液位未控制在规定范围内，扣 5 分 3. 未按操作规程进行，扣 4 分 4. 未做好防护措施，扣 5 分 5. 未将碱液浓度配制在规定范围内，扣 4 分 6. 未按操作规程执行，扣 4 分 7. 未进行检查，扣 4 分 以上各项操作经提示完成的，扣本题总分的 50%

行业：电力工程　　　　工种：电机氢冷值班员　　　　等级：初

编　　号	C05B028		行为领域	f	鉴定范围	1
考核时限	60 min		题　　型	B	题　　分	30
试题正文	水电解制氢装置运行中碱液过滤器的清洗					
需要说明的问题和要求	1. 要求单独进行操作处理 2. 现场就地操作演示，不得触动运行设备 3. 万一遇到生产事故，立即停止考核，退出现场 4. 注意安全，文明操作演示					
工具、材料、设备场地	现场实际设备					

	序号	项　目　名　称
评分标准	1	设备状况
	1.1	电解槽槽温接近上限
	1.2	碱液循环温度接近槽温
	1.3	碱液循环量下限报警
	1.4	槽温记录调节仪的测定值超出给定值，调节仪的阀门开度为50%
	2	操作
	2.1	检查氢、氧槽温与碱液循环温度的上升趋势是否相符
	2.2	检查制氢装置的槽温薄膜调节阀的开度与槽温记录调节仪的开度是否一致
	2.3	调节碱液过滤器出口阀，调整碱液流量无反应时
	2.4	先打开碱液过滤器的旁路阀，然后关闭碱液过滤器的进、出口阀
	2.5	缓慢打开碱液过滤器排污阀，微微开启碱液过滤器的排空阀
	2.6	拆开过滤器顶盖，取出滤芯进行清洗
	2.7	清洗组装完毕后，关闭排污阀，打开过滤器的充氮进口阀，待有碱液溢出后
	2.8	关闭碱液过滤器充氮进口阀，打开过滤器出口阀，关闭旁路阀，过滤器投入运行
	质量要求	1. 分析、判断正确 2. 分析、判断正确 3. 按操作规程执行 4. 操作顺序正确 5. 操作顺序正确 6. 按操作规程执行 7. 按操作规程执行 8. 操作顺序正确
	得分或扣分	1. 分析、判断不正确，扣3分 2. 分析、判断不正确，扣3分 3. 未按操作规程执行，扣4分 4. 操作顺序不正确，扣4分 5. 操作顺序不正确，扣4分 6. 未按操作规程执行，扣4分 7. 未按操作规程执行，扣4分 8. 操作顺序不正确，扣4分 以上各项操作经提示完成的，扣本题总分的50%

行业：电力工程　　　　工种：电机氢冷值班员　　　　等级：中

编　　号	C04B029	行为领域	e	鉴定范围	3
考核时限	60 min	题　型	B	题　分	30
试题正文	水电解制氢装置非正常停运处理				
需要说明的问题和要求	1. 要求单独进行操作处理 2. 现场就地操作演示，不得触动运行设备 3. 万一遇到生产事故，立即停止考核，退出现场 4. 注意安全，文明操作演示				
工具、材料、设备场地	现场实际设备				

评分标准		序号	项　目　名　称
		1	现象
		1.1	制氢设备在带压力运行的任何部分发生严重泄漏
		1.2	氢气和碱液外漏，有可能造成重大事故时
		1.3	制氢设备周围环境出现紧急事故，危及设备和人身安全
		2	处理
		2.1	迅速按控制柜的"紧急停止"按钮，立即切断整流柜主回路电源，迅速用手动方法使补水泵停止工作
		2.2	打开氢、氧排空阀，使氢、氧综合塔中氢气和氧气放空
		2.3	将槽压记录调节仪的给定值调至"0"，把槽压降为"0"
		2.4	切断控制电源、气源、整流器同步电源
		2.5	当系统压力降为"0"时，关闭所有阀门，停碱液循环泵
		2.6	做完紧急停运记录后，撤离现场，听候有关部门处理
		2.7	非正常停运后，装置如需重新开车，应对槽体、附属设备及各配套件、仪表进行必要的检查，确认设备良好后方能进行启动
	质量要求		1. 按操作规程执行 2. 操作顺序正确 3. 按操作规程进行调整 4. 切断所有电源 5. 操作顺序正确 6. 做好记录，听候处理 7. 对所有设备进行检查
	得分或扣分		1. 未按操作规程执行，扣4分 2. 操作顺序不正确，扣5分 3. 未按操作规程进行调整，扣4分 4. 电源未全部切断，扣5分 5. 操作顺序不正确，扣3分 6. 未做好记录，扣4分 7. 未进行所有设备检查，扣5分 以上各项操作经提示完成的，扣本题总分的50%

行业：电力工程　　　　工种：电机氢冷值班员　　　　等级：中

编　　号	C04B030	行为领域	e	鉴定范围	3
考核时限	60 min	题　　型	B	题　　分	30
试题正文	制氢干燥装置非正常停运处理				
需要说明的问题和要求	1. 要求单独进行操作处理 2. 现场就地操作演示，不得触动运行设备 3. 万一遇到生产事故，立即停止考核，退出现场 4. 注意安全，文明操作演示				
工具、材料、设备场地	现场实际设备				

评分标准		序号	项　目　名　称
		1	现象
		1.1	干燥设备在带压力运行的任何部分发生严重泄漏
		1.2	制氢设备周围环境出现紧急事故，危及设备、人身安全
		2	处理
		2.1	关闭干燥装置原料气进气阀
		2.2	关闭各储氢罐、减压罐及框架Ⅱ联络门
		2.3	关闭干燥装置的出口阀，打开干燥装置的排空阀
		2.4	待干燥装置压力泄至 0.1 MPa 时，关闭干燥装置的排空阀
		2.5	干燥装置紧急停运后，应将详细情况做好记录
		2.6	非正常停运后，干燥装置如需要投运，应对所有设备进行检查，确认无异常，方可进行启动
	质量要求		1. 按操作规程执行 2. 关闭所有阀门 3. 操作顺序正确 4. 按操作规程执行 5. 做好详细记录 6. 对所有设备做好检查
	得分或扣分		1. 未按操作规程执行，扣 5 分 2. 未将阀门全部关闭，扣 5 分 3. 操作顺序不正确，扣 5 分 4. 未按操作规程执行，扣 5 分 5. 未做好记录，扣 5 分 6. 对所有设备未进行检查，扣 5 分 以上各项操作经提示完成的，扣本题总分的 50%

编　号	C04B031	行为领域	e	鉴定范围	3
考核时限	60 min	题　型	B	题　分	30
试题正文	整流柜突然跳闸处理				
需要说明的问题和要求	1. 要求单独进行操作处理 2. 现场就地操作演示，不得触动运行设备 3. 万一遇到生产事故，立即停止考核，退出现场 4. 注意安全，文明操作演示				
工具、材料、设备场地	现场实际设备				

	序号	项　目　名　称
评分标准	1	现象
	1.1	冷却水压力表显示在额定范围内
	1.2	电流突然升高，超出正常运行范围
	1.3	槽压、槽温、差压、碱液流量在正常范围内
	1.4	整流柜突然报警跳脱
	2	处理
	2.1	检查控制室与现场的液位信号是否一致
	2.2	检查并调整整流柜的冷却水压力
	2.3	将整流柜输出电位调回"0"，检查故障
	2.4	如合不上，则仔细检查并排除短路故障
	2.5	检查配电箱电源是否正常
	2.6	如发现配电箱电源故障，及时联系处理
	质量要求	1. 分析、判断正确 2. 及时进行调整 3. 分析、判断正确 4. 及时联系电气值班员排除故障 5. 分析、判断正确 6. 及时联系，进行处理
	得分或扣分	1. 分析、判断不正确，扣5分 2. 未及时进行调整，扣5分 3. 分析、判断不正确，扣5分 4. 未及时联系，扣5分 5. 分析、判断不正确，扣5分 6. 未及时联系处理，扣5分 以上各项操作经提示完成的，扣本题总分的50%

行业：电力工程　　　工种：电机氢冷值班员　　　等级：中

编　号	C04B032	行为领域	e	鉴定范围	3
考核时限	60 min	题　型	B	题　分	30
试题正文	电解槽运行时槽温达不到额定值的处理				
需要说明的问题和要求	1. 要求单独进行操作处理 2. 现场就地操作演示，不得触动运行设备 3. 万一遇到生产事故，立即停止考核，退出现场 4. 注意安全，文明操作演示				
工具、材料、设备场地	现场实际设备				

评分标准	序号	项　目　名　称
	1	现象
	1.1	电解槽槽温为 78 ℃
	1.2	电解液浓度经测定为 20%
	1.3	碱液循环量为 300 L/h
	1.4	氢、氧综合塔的冷却水阀门处于开足状态
	1.5	槽温记录调节仪的测量值大于给定值
	2	处理
	2.1	检查并调整槽温记录调节仪的阀门开度
	2.2	检查并调整氢、氧综合塔的冷却水阀
	2.3	将碱液浓度调整在规定范围内
	2.4	待槽温有所上升时，采用急剧升降电流的方法，把堵物冲出
	2.5	或采用调整碱液循环量的方法，把堵物冲出
	质量要求	1. 分析、判断正确 2. 按操作规程进行调整 3. 按操作规程执行 4. 使用方法正确 5. 使用方法正确
	得分或扣分	1. 分析、判断不正确，扣 6 分 2. 未及时调整，扣 6 分 3. 未调整在规定范围内，扣 6 分 4. 使用方法不正确，扣 6 分 5. 使用方法不正确，扣 6 分 以上各项操作经提示完成的，扣本题总分的 50%

行业：电力工程　　　工种：电机氢冷值班员　　　等级：中

编　　号	C04B033	行为领域	e	鉴定范围	3
考核时限	60 min	题　　型	B	题　　分	30
试题正文	电解液碱温过高的处理				
需要说明的问题和要求	1. 要求单独进行操作处理 2. 现场就地操作演示，不得触动运行设备 3. 万一遇到生产事故，立即停止考核，退出现场 4. 注意安全，文明操作演示				
工具、材料、设备场地	现场实际设备				

评分标准	序号	项　目　名　称
	1	现象
	1.1	控制柜上槽温表显示为 90 ℃
	1.2	碱液循环量为 300 L/h
	1.3	槽温记录调节仪的测定值大于给定值
	2	处理
	2.1	检查槽温温度表与氢气出口温度表上升趋势是否一致
	2.2	检查槽温记录调节仪的开度与现场调节薄膜阀开度是否一致
	2.3	检查并调整制氢站的冷却水进水压力
	2.4	如发现制氢站进口冷却水压力偏低，及时联系值长，要求提高冷却水压力
	2.5	检查并调整碱液循环量
	质量要求	1. 分析、判断正确 2. 分析、判断正确 3. 及时进行调整 4. 及时联系，要求提高压力 5. 按操作规程执行
	得分或扣分	1. 分析、判断不正确，扣 6 分 2. 分析、判断不正确，扣 6 分 3. 未及时调整，扣 6 分 4. 未及时联系，扣 6 分 5. 未按操作规程执行，扣 6 分 以上各项操作经提示完成的，扣本题总分的 50%

行业：电力工程　　工种：电机氢冷值班员　　等级：中

编　号	C04B034	行为领域	e	鉴定范围	3
考核时限	60 min	题　型	B	题　分	30
试题正文	整流柜启动时的报警处理				
需要说明的问题和要求	1. 要求单独进行操作处理 2. 现场就地操作演示，不得触动运行设备 3. 万一遇到生产事故，立即停止考核，退出现场 4. 注意安全，文明操作演示				
工具、材料、设备场地	现场实际设备				

	序号	项　目　名　称
评分标准	1	现象
	1.1	制氢站控制气源压力为 0.6 MPa
	1.2	制氢站进口冷却水压力为 0.3 MPa
	1.3	启动整流柜时，整流柜报警跳脱
	1.4	整流柜现场报警显示为外故障
	2	处理
	2.1	将整流器"手动调压"旋钮电位器反时针旋至"0"，按下停止按钮，将"ON/OFF"拨到"OFF"
	2.2	检查氢、氧综合塔液位与控制柜是否相符
	2.3	检查槽压、槽温、差压的记录调节仪的设定是否正确
	2.4	检查并调整整流柜的冷却水压力
	2.5	检查制氢装置及控制柜的控制阀是否打开
	2.6	若发现冷却水及控制气压力低于正常范围，应联系值长，要求提高冷却水及控制气压力
	2.7	及时排除所有的故障后，重新启动整流柜
	质量要求	1. 判断正确，及时操作 2. 分析、判断正确 3. 判断正确，及时进行设定 4. 调整压力在规定范围内 5. 分析、判断正确 6. 判断正确，及时联系 7. 排除故障，重新启动整流柜
	得分或扣分	1. 判断不正确，扣 5 分 2. 分析、判断不正确，扣 4 分 3. 未及时进行设定，扣 4 分 4. 未调整压力在规定范围内，扣 4 分 5. 分析、判断不正确，扣 4 分 6. 判断不正确，未及时联系，扣 5 分 7. 排除故障后，未及时启动，扣 4 分 以上各项操作经提示完成的，扣本题总分的 50%

行业：电力工程　　　工种：电机氢冷值班员　　　等级：高

编　　号	C03B035	行为领域	e	鉴定范围	1
考核时限	60 min	题　　型	B	题　　分	30
试题正文	整流柜运行时，冷却水压力低的处理				
需要说明的问题和要求	1. 要求单独进行操作处理 2. 现场就地操作演示，不得触动运行设备 3. 万一遇到生产事故，立即停止考核，退出现场 4. 注意安全，文明操作演示				
工具、材料、设备场地	现场实际设备				
评分标准	序号	项　目　名　称			
	1	现象			
	1.1	制氢装置报警整流柜跳脱			
	1.2	整流柜报警显示为冷却水压力低			
	1.3	经检查整流柜冷却水风扇流量计在停止状态			
	2	处理			
	2.1	将制氢装置的氢、氧排空阀打开，氢、氧出口阀关闭			
	2.2	检查制氢站冷却水进口压力是否正常			
	2.3	若制氢站进口冷却水压力表无显示时，应检查冷却水进口阀的开度是否正常			
	2.4	若制氢站进口冷却水阀开度正常，压力表仍无压力显示时，联系值长，要求提高冷却水压力			
	2.5	若制氢站进口压力有显示时，应检查整流柜的阀门开度是否正常			
	2.6	整流柜仍无压力显示时，确认阀芯是否脱落			
	2.7	待整流柜冷却水压力调整至规定范围，重新启动整流柜			
	质量要求	1. 操作顺序正确 2. 分析、判断正确 3. 分析、判断正确 4. 判断正确，及时联系 5. 分析、判断正确 6. 分析、判断正确 7. 及时调整和启动			
	得分或扣分	1. 操作顺序不正确，扣 5 分 2. 分析、判断不正确，扣 4 分 3. 分析、判断不正确，扣 4 分 4. 判断不正确，扣 4 分 5. 分析、判断不正确，扣 5 分 6. 分析、判断不正确，扣 4 分 7. 未及时调整和启动，扣 4 分 以上各项操作经提示完成的，扣本题总分的 50%			

行业：电力工程　　　　工种：电机氢冷值班员　　　　等级：高

编　　　号	C03B036	行为领域	e	鉴定范围	1
考核时限	60 min	题　型	B	题　分	30
试题正文	碱液循环泵喷碱处理				
需要说明的问题和要求	1. 要求单独进行操作处理 2. 现场就地操作演示，不得触动运行设备 3. 万一遇到生产事故，立即停止考核，退出现场 4. 注意安全，文明操作演示				
工具、材料、设备场地	现场实际设备				

评分标准	序号	项　目　名　称
	1	现象
	1.1	制氢装置在运行时，听到"嘭"的响声
	1.2	制氢装置报警显示氢液下限，制氢装置跳脱
	1.3	制氢室出现较浓的碱雾
	2	处理
	2.1	将整流器"手动调压"旋钮电位器反时针旋至"0"，按下停止按钮，将"ON/OFF"拨到"OFF"
	2.2	按下制氢装置"紧急停车"按钮，将"液位连锁"切至"消除"档，补水"连锁"切至"断"的位置
	2.3	进入制氢室前，戴上防护面罩，做好防护措施
	2.4	立即启动制氢及干燥装置室的排风机
	2.5	待碱雾逐渐消散后，检查喷碱的部位
	2.6	及时汇报和联系有关专业人员，进行消缺处理
	质量要求	1. 判断正确，操作及时 2. 按操作规程执行 3. 做好防护措施 4. 分析、判断正确 5. 分析、判断正确 6. 及时联系消缺
	得分或扣分	1. 判断不准确，扣5分 2. 操作不熟练，扣4分 3. 未做好防护措施，扣5分 4. 未调整在规定范围内，扣4分 5. 检查漏项，每漏一项扣1分 6. 未及时联系消缺处理，扣5分 7. 排除故障后，未及时启动，扣4分 以上各项操作经提示完成的，扣本题总分的50%

行业：电力工程　　　工种：电机氢冷值班员　　　等级：高

编　号	C03B0037	行为领域	e	鉴定范围	1
考核时限	60 min	题　型	B	题　分	30
试题正文	碱液循环泵喷碱隔绝处理				
需要说明的问题和要求	1. 要求单独进行操作处理 2. 现场就地操作演示，不得触动运行设备 3. 万一遇到生产事故，立即停止考核，退出现场 4. 注意安全，文明操作演示				
工具、材料、设备场地	现场实际设备				

	序号	项　目　名　称
评分标准	1	现象
	1.1	经检查碱液循环泵进口法兰因老化而喷碱
	1.2	氢、氧综合塔的液位在 300 mm 左右
	1.3	碱液箱液位在 1/2 处
	2	处理
	2.1	待制氢装置的槽压泄至"0"，槽温降至常温
	2.2	将有关阀门切换至退碱状态
	2.3	先打开碱液循环泵的进、出口阀，再启动碱液循环泵
	2.4	将氢、氧综合塔内的碱液退至碱液箱，并控制好碱液箱液位
	2.5	在碱液退净后，停用碱液泵，关闭碱液泵的进、出口阀
	2.6	联系值长，要求将碱液泵电源拉脱
	2.7	汇报及联系有关专业人员进行消缺处理
	质量要求	1. 按操作规程执行 2. 按操作规程进行切换 3. 操作顺序正确 4. 将碱液箱液位控制好 5. 操作顺序正确 6. 及时联系，要求拉电 7. 及时汇报并进行消缺处理
	得分或扣分	1. 未按操作规程执行，扣 4 分 2. 未按操作规程进行切换，扣 5 分 3. 操作顺序不正确，扣 4 分 4. 碱液箱液位未控制好，扣 4 分 5. 操作顺序不正确，扣 5 分 6. 未及时联系拉电，扣 4 分 7. 未及时联系处理，扣 4 分 经上操作经提示完成的，扣本题总分的 50%

行业：电力工程　　　　工种：电机氢冷值班员　　　　等级：高

编　　号	C03B0038	行为领域	e	鉴定范围	1
考核时限	60 min	题　型	B	题　　分	30
试题正文	干燥装置在再生时，塔顶温度达不到额定温度的处理				
需要说明的问题和要求	1. 要求单独进行操作处理 2. 现场就地操作演示，不得触动运行设备 3. 万一遇到生产事故，立即停止考核，退出现场 4. 注意安全，文明操作演示				
工具、材料、设备场地	现场实际设备				

评分标准	序号	项　目　名　称
	1	现象
	1.1	干燥装置状态是：干燥器Ⅰ运行，干燥器Ⅱ再生
	1.2	干燥器Ⅱ塔底温度加热设定为 150 ℃
	1.3	干燥器Ⅱ再生时间显示为 8 h
	1.4	干燥器Ⅱ塔底温度显示为 150 ℃，塔顶温度显示为 120 ℃
	2	处理
	2.1	先进行干燥装置的冷凝水、气水分离器的疏水
	2.2	调整时间继电器，使加热时间延长
	2.3	调整塔底的加热温度
	2.4	联系热工值班员检查塔顶温度表显示是否正常
	2.5	经以上操作仍达不到额定温度时，应检查干燥装置的铂电阻
	2.6	如干燥装置铂电阻已坏，应联系有关专业人员进行调换
	2.7	待缺陷消除后，重新启动干燥装置
	质量要求	1. 定期进行疏水 2. 熟悉时间继电器的调整 3. 按操作规程执行 4. 及时联系和配合检查 5. 分析、判断正确 6. 及时联系调换 7. 待消缺后，及时启动干燥装置
	得分或扣分	1. 未进行疏水，扣 4 分 2. 对继电器调整不熟悉，扣 5 分 3. 未按操作规程调整，扣 5 分 4. 未联系和配合检查，扣 4 分 5. 分析、判断不正确，扣 4 分 6. 未及时联系调换，扣 4 分 7. 消缺后未及时启动，扣 4 分 以上各项操作经提示完成的，扣本题总分的 50%

行业：电力工程　　　　工种：电机氢冷值班员　　　等级：高

编　　号	C03B039	行为领域	e	鉴定范围	1
考核时限	60 min	题　型	B	题　分	30
试题正文	电解槽左右两槽体电流偏流严重的判断和处理				
需要说明的问题和要求	1. 要求单独进行操作处理 2. 现场就地操作演示，不得触动运行设备 3. 万一遇到生产事故，立即停止考核，退出现场 4. 注意安全，文明操作演示				
工具、材料、设备场地	现场实际设备				

	序号	项　目　名　称
评 分 标 准	1	现象
	1.1	制氢站的进口的冷却水压力显示为 0.3 MPa
	1.2	制氢站的控制气源显示为 0.6 MPa
	1.3	整流控制柜的左、右电流表晃动
	2	处理
	2.1	联系电气值班员要求对整流柜的左右电流表进行校验
	2.2	引进小室电压升高可能是左、右两槽个别小室进液孔堵塞
	2.3	操作"手动调压"按钮，用急剧改变电流大小的方法冲洗堵塞的出气孔
	2.4	或用改变碱液循环量的大小来冲洗堵塞的出气孔
	2.5	经以上操作处理仍无法消除时，应联系电气值班员检查正、负极板铜排表面与中间极板的接触是否良好
	2.6	电气值班员检查确认与中间极板接触是否不良
	2.7	及时汇报和联系有关专业人员进行消缺处理
	质量 要求	1. 及时联系校验 2. 分析、判断正确 3. 使用方法正确 4. 使用方法正确 5. 分析、判断正确 6. 分析、判断正确 7. 及时联系处理
	得分或 扣分	1. 未及时联系校验，扣4分 2. 分析、判断不正确，扣5分 3. 使用方法不正确，扣4分 4. 使用方法不正确，扣4分 5. 分析、判断不正确，扣4分 6. 分析、判断不正确，扣5分 7. 未及时联系处理，扣4分 以上各项操作经提示完成的，扣本题总分的50%

编　号	C03B040	行为领域	e	鉴定范围	1
考核时限	60 min	题　型	B	题　分	30
试题正文	解槽运行时槽压达不到额定值的判断处理				
需要说明的问题和要求	1. 要求单独进行操作处理 2. 现场就地操作演示，不得触动运行设备 3. 万一遇到生产事故，立即停止考核，退出现场 4. 注意安全，文明操作演示				
工具、材料、设备场地	现场实际设备				

	序号	项　目　名　称
评分标准	1	现象
	1.1	制氢站的控制气源进口压力表显示为 0.6 MPa
	1.2	制氢装置控制柜的减压过滤器压力表显示为 0.14 MPa
	1.3	制氢装置框架上减压过滤器的压力表显示为 0.14 MPa
	1.4	制氢装置的控制柜上槽压记录调节仪的给定值为 50%，测量值为 40%
	2	处理
	2.1	对控制柜及现场框架上的减压过滤器进行疏水，使其气源保持畅通
	2.2	检查现场槽压压力表及阀门的开度与控制柜的槽压记录调节仪的测量值及阀门开度是否一致
	2.3	对控制柜及现场框架上的减压过滤器进行疏水，使其气源保持畅通
	2.4	若现场压力表的显示及阀门开度正常
	2.5	检查并调整槽压调节仪的给定值，观察现场的槽压压力表是否有变化
	2.6	若现场压力表无变化，确认槽压调节阀的阀芯磨损
	2.7	若槽压调节阀的阀芯磨损，应及时汇报和联系有关专业人员进行消缺处理
	质量要求	1. 定期进行疏水操作 2. 分析、判断正确 3. 分析、判断正确 4. 分析、判断正确 5. 分析、判断正确 6. 分析、判断正确 7. 及时汇报和联系消缺
	得分或扣分	1. 未进行定期疏水操作，扣 4 分 2. 分析、判断不正确，扣 4 分 3. 分析、判断不正确，扣 4 分 4. 分析、判断不正确，扣 4 分 5. 分析、判断不正确，扣 5 分 6. 分析、判断不正确，扣 5 分 7. 未及时汇报和联系消缺，扣 4 分 以上各项操作经提示完成的，扣本题总分的 50%

行业：电力工程　　　　工种：电机氢冷值班员　　　　等级：高

编　　号	C03B041	行为领域	f	鉴定范围	1
考核时限	60 min	题　　型	B	题　　分	30
试题正文	氢冷发电机着火处理				
需要说明的问题和要求	1. 要求单独进行操作处理 2. 现场就地操作演示，不得触动运行设备 3. 万一遇到生产事故，立即停止考核，退出现场 4. 注意安全，文明操作演示				
工具、材料、设备场地	现场实际设备				

评分标准	序号	项　目　名　称
	1	现象
	1.1	氢冷发电机在运行中，从发电机端盖机壳接合处、窥视孔内、出风道等部位冒出烟气，有火星或嗅到焦臭味
	1.2	机壳内冷却气体压力升高或大幅度下降，氢气纯度降低
	1.3	往往伴随着振动突变，声音异常、表计摆动以及保护动作跳闸等
	2	处理
	2.1	立即停机解列并灭磁，拉开所有电源的隔离开关，确保灭火人员的人身安全
	2.2	对于氢冷发电机，应立即向机内充入二氧化碳，同时进行排氢
	2.3	避免在扑救火灾时，导致转子弯曲，禁止在火灾熄火前将发电机完全停下，应保持在额定转速的10%左右转动
	2.4	如果没有灭火装置或灭火装置发生故障不能使用时，可设法使用一切能灭火的装置及时扑灭火灾，但不得使用泡沫灭火器或沙子灭火
	2.5	平时做好防火工作，掌握消防规程的有关规定，进行消防练习，一旦发生火灾，能独立或配合消防人员迅速扑灭大火
	质量要求	1. 按操作规程执行 2. 操作顺序正确 3. 按操作规程进行调整 4. 正确使用灭火装置和灭火器材 5. 熟悉消防规程，能独立或配合消防人员扑灭大火
	得分或扣分	1. 未按操作规程执行，扣6分 2. 操作顺序不正确，扣6分 3. 未按操作规程进行调整，扣6分 4. 灭火装置或灭火器材使用方法不正确，扣6分 5. 消防规程不熟悉或配合不恰当，扣6分 以上各项操作经提示完成的，扣本题总分的50%

编　　号	C03B042	行为领域	e	鉴定范围	1
考核时限	60 min	题　　型	B	题　　分	30
试题正文	氢冷发电机漏氢的故障处理				
需要说明的问题和要求	1. 要求单独进行操作处理 2. 现场就地操作演示，不得触动运行设备 3. 万一遇到生产事故，立即停止考核，退出现场 4. 注意安全，文明操作演示				
工具、材料、设备场地	现场实际设备				

评分标准	序号	项　目　名　称
	1	现象
	1.1	氢冷发电机内氢压下降，维持不住额定氢压
	1.2	自动补氢装置经常不断动作补氢
	1.3	密封瓦油压过低或供油中断
	2	处理
	2.1	手动试合备用密封油泵，设法提高密封油压，同时不断补充氢气
	2.2	如果油压不能提高，则可降氢压运行，当油压降低到不能维持最低运行油压时，则应停机处理
	2.3	组织人力查漏氢，找到漏氢点，立即消除。运行中不能消除时，则可降氢压运行
	2.4	如果不能维持最低氢压运行，对于不允许空冷的发电机，则停机处理。对于允许空冷的发电机，则可转换为空气冷却运行
	2.5	对操作过的阀门进行复查，发现问题及时更正
	2.6	由于急剧漏氢或漏氢地点工作以及金属摩擦而发生火花
	2.7	引起氢气着火时，应迅速设法阻止漏氢并用二氧化碳进行灭火
	质量要求	1. 判断正确，操作及时 2. 按操作规程进行调整 3. 及时查找漏氢点 4. 进行冷却方式的切换 5. 及时检查更正 6. 应设法阻止漏氢 7. 进行隔离和灭火操作
	得分或扣分	1. 判断不正确，扣 4 分 2. 未按操作规程进行调整，扣 4 分 3. 未及时进行查漏，扣 4 分 4. 冷却方式切换不正确，扣 4 分 5. 未及时检查更正，扣 4 分 6. 未采取措施，扣 5 分 7. 未进行隔离和灭火操作，扣 5 分 以上各项操作经提示完成的，扣本题总分的 50%

行业：电力工程　　　工种：电机氢冷值班员　　　　　　等级：高

编　号	C03B043	行为领域	e	鉴定范围	1
考核时限	60 min	题　型	B	题　分	30
试题正文	氢冷发电机氢压降低的处理				
需要说明的问题和要求	1. 要求单独进行操作处理 2. 现场就地操作演示，不得触动运行设备 3. 万一遇到生产事故，立即停止考核，退出现场 4. 注意安全，文明操作演示				
工具、材料、设备场地	现场实际设备				

评分标准	序号	项　目　名　称
	1	现象
	1.1	氢冷发电机氢压下降，并发出氢压低的信号
	1.2	氢冷发电机铁芯、绕组温度升高
	1.3	氢冷发电机出风温度升高
	2	处理
	2.1	确定氢压降低时，应立即补氢，维持氢压正常
	2.2	如因泄漏，经补氢也不能维持额定压力时，应汇报值长降负载，同时设法消除缺陷
	2.3	如因供氢中断不能维持氢压时，可向发电机内补充少量氮气
	2.4	保持低压运行，等待供氢恢复，发电机内氢压不能低到"0"
	2.5	如系统阀门误操作，应恢复正常位置，然后视氢压情况及时补氢
	2.6	及时调整密封油压至正常值
	质量要求	1. 分析、判断正确 2. 及时汇报值长，进行消缺 3. 按操作规程进行调整 4. 按操作规程进行调整 5. 分析、判断正确 6. 及时调整密封油油压在规定范围内
	得分或扣分	1. 分析、判断不正确，扣5分 2. 未及时汇报进行消缺，扣5分 3. 未按操作规程进行调整，扣5分 4. 未按操作规程进行调整，扣5分 5. 分析、判断不正确，扣5分 6. 未及时进行调整，扣5分 以上各项操作经提示完成的，扣本题总分的50%

行业：电力工程　　　　工种：电机氢冷值班员　　　　等级：高

编　　号	C03B044	行为领域	e	鉴定范围	1
考核时限	60 min	题　型	B	题　分	30
试题正文	氢冷发电机氢压升高的处理				
需要说明的问题和要求	1. 要求单独进行操作处理 2. 现场就地操作演示，不得触动运行设备 3. 万一遇到生产事故，立即停止考核，退出现场 4. 注意安全，文明操作演示				
工具、材料、设备场地	现场实际设备				

评分标准	序号	项　目　名　称
	1	现象
	1.1	氢冷发电机氢压升高，并发出氢压高报警信号
	1.2	氢冷发电机铁芯、绕组温度降低
	1.3	氢冷发电机出风温度降低
	2	处理
	2.1	检查氢压表计及报警信号是否正常
	2.2	确认氢压高时，应联系电气值班员打开排氢阀，使氢压恢复正常
	2.3	如自动补氢装置失灵，应关闭隔离阀，用旁路门调节氢压
	2.4	及时消除缺陷，若补氢旁路门误开，应立即关闭
	2.5	若氢冷却器冷却水中断，应及时联系，设法恢复
	2.6	若冷却器冷却水阀阀芯脱落，应联系有关专业人员进行消缺
	质量要求	1. 分析、判断正确 2. 分析、判断正确 3. 按操作规程进行操作 4. 分析、判断正确 5. 及时联系恢复 6. 及时联系消缺
	得分或扣分	1. 分析、判断不正确，扣 5 分 2. 分析、判断不正确，扣 5 分 3. 未按操作规程执行，扣 5 分 4. 分析、判断不正确，扣 5 分 5. 未及时联系恢复，扣 5 分 6. 未及时联系消缺，扣 5 分 以上各项操作经提示完成的，扣本题总分的 50%

行业：电力工程　　　　工种：电机氢冷值班员　　　　等级：高

编　号	C03B045	行为领域	e	鉴定范围	1
考核时限	60 min	题　型	B	题　分	30

试题正文	氢冷发电机密封油压低的处理		
需要说明的问题和要求	1. 要求单独进行操作处理 2. 现场就地操作演示，不得触动运行设备 3. 万一遇到生产事故，立即停止考核，退出现场 4. 注意安全，文明操作演示		
工具、材料、设备场地	现场实际设备		

	序号	项　目　名　称
评分标准	1	现象
	1.1	氢冷发电机密封油压降低，发出报警信号
	1.2	若油压低于氢压太多，会造成氢压下降
	1.3	密封油泵跳闸或未投
	1.4	密封油过滤网堵塞
	2	处理
	2.1	密封油压降低，应迅速查明原因，调整并恢复正常值
	2.2	检查密封油泵及逆止门、再循环门的开度是否正常
	2.3	如油压不能恢复正常值，应降低氢压，降低负载运行
	2.4	如油压降低到极限值，应汇报值长停机
	2.5	若油系统故障，应立即汇报有关人员，及时联系处理，维持油压
	质量要求	1. 分析、判断正确 2. 及时进行检查 3. 按操作规程执行 4. 及时汇报值长 5. 及时汇报有关人员，联系处理
	得分或扣分	1. 分析、判断不正确，扣 6 分 2. 未及时进行检查，扣 6 分 3. 未按操作规程执行，扣 6 分 4. 未及时汇报值长，扣 6 分 5. 未及时联系消缺，扣 6 分 以上各项操作经提示完成的，扣本题总分的 50%

276

4.2.3 综合操作

行业：电力工程　　　工种：电机氢冷值班员　　　等级：中

编　　号	C04C046	行为领域	e	鉴定范围	2
考核时限	120 min	题　　型	C	题　分	50
试题正文	氢冷发电机启动前密封油系统的检查				
需要说明的问题和要求	1. 要求单独完成任务 2. 考核时，要先填写操作票，然后进行操作，不得触动运行设备 3. 万一遇到生产事故，立即停止考核，退出现场 4. 注意安全，文明操作演示				
工具、材料、设备场地	1. 现场实际设备 2. 备好操作工具及绝缘用具				
评分标准	序号	项　目　名　称			
评分标准	1	收到班长令			
评分标准	2	联系调度值班员			
评分标准	3	氢冷发电机在启动前，密封油系统必须具备下列条件，方可启动			
评分标准	4	油系统设备（油冷却器、交直流油泵、过滤器，密封油箱、压差阀、平衡阀、U形管、排烟机）已试验检查，并且试运合格			
评分标准	5	油系统阀门安装检修完毕，经水压或风压试验合格			
评分标准	6	密封油系统的管道装配就绪，管道及焊口无渗漏现象			
评分标准	7	油气同行回管的疏水门方向应有一定的坡度，不应有环形管道及起伏情况，以防油封阻塞气流和油流。氢侧回油管路的截面应足够大，以保证油和气顺利通行			
评分标准	8	管道上的密封垫料采用石棉胶垫，确保安全可靠			
评分标准	9	管道系统及有关设备应清除内部污秽、油垢等杂物，确保清洁			
评分标准	10	密封油的标号、黏度符合要求，无水和机械杂物			
评分标准	11	作为工作调速油和交流密封油泵，以及作为备用密封油源的直流密封油泵者，必须经过检查并且试验合格，试转正常			
评分标准	12	工作密封油源和备用密封油源之间的联动线路必须齐全，低油压信号与低油联动的整定值必须正确，如手投备用油源时，低油压信号的整定值可稍微偏高，以便有足够的时间进行操作			
评分标准	13	启动前，全套油系统应进行一次油循环，一方面使系统中残留的杂物冲至过滤网后予以消除；另一方面检查油系统的工作情况是否正常			

序号	项 目 名 称

<table>
<tr><td rowspan="2">评 分 标 准</td><td>质量
要求</td><td>1. 操作票要用仿宋字填写
2. 操作任务要填写清楚
3. 重要设备要使用双重名称
4. 操作票不准合项、并项
5. 操作票不准涂抹、更改
6. 每项操作前要核对设备标志
7. 操作顺序不准随意改动或跳项操作
8. 每完成一项操作要做记号、重要操作要记录时间</td></tr>
<tr><td>得分或
扣分</td><td>1. 字迹潦草辨认不清，扣 5 分
2. 每漏一项，扣 5 分，严重漏项全题不得分
3. 操作票合项、并项，每处扣 2 分
4. 操作任务填写不清，扣 2～5 分
5. 设备不写双重名称，每处扣 2 分
6. 操作术语使用不标准，每处扣 2 分
7. 操作票涂抹、更改，每处扣 2 分
8. 操作前不核对设备标志，每次扣 5 分
9. 操作顺序颠倒或跳项操作，每处扣 5 分
10. 重要设备颠倒操作，全题不得分
11. 每项操作后不记号、重要操作不记录时间，每处扣 2 分
12. 每项操作完成后不检查，扣 2 分
13. 发生误操作，全题不得分</td></tr>
</table>

行业：电力工程　　　工种：电机氢冷值班员　　　　等级：中

编　　号	C04C047	行为领域	e	鉴定范围	2
考核时限	120 min	题　　型	C	题　　分	50
试题正文	氢冷发电机启动前，气体管路系统的检查				
需要说明的问题和要求	1. 要求单独进行操作处理 2. 考核时，要先填写操作票，现场就地操作演示，不得触动运行设备 3. 万一遇到生产事故，立即停止考核，退出现场 4. 注意安全，文明操作演示				
工具、材料、设备场地	1. 现场实际设备 2. 备好操作工具及绝缘用具				

	序号	项　目　名　称
评分标准	1	接班长令
	2	联系调度值班员
	3	启动前，发电机氢冷系统的管路必须安装完毕
	4	冷却水系统设备（如冷却器、水泵、阀门和过滤网等）必须经过检查、试验和试运
	5	经过空气干燥器至发电机本体的压缩空气（发电机启动前，做漏风试验时充以空气寻找漏点用）、管线和活接头已经备齐
	6	发电机的氢管路及有关设备已全部进行气密性试验检查
	7	控制盘上用以监视气、油系统工作情况的测量仪表（如氢气气体分析器、氢气母管及发电机壳内的氢气压力表、差压表、密封油压的压力表及密封瓦面温度计）及自动继电器装置等均应安装完毕，其中氢气纯度表和差压计只有在氢气置换完毕后方可投入
	8	各种管道在安装前应经过除锈和冲洗，特别要注意清洗干净各种管道中的油污，以保证表计的正确指示
	9	各种管道在启动前应按汽轮发电机的水、气、油系统管道的着色规定进行着色，并且要求颜色鲜明
	10	自动补氢装置中的压力继电器的动作值已整定适当，动作灵敏，电磁阀门已经过仔细检查吹扫，关闭严密，每次检修完毕后，应利用手动按钮检查电磁阀门动作的可靠性
	11	补氢电磁阀前的过滤网检查吹扫完毕，保证过滤网不失效
	12	信号装置、油水系统接点压力表的定值正确，符合要求，油水继电器内无油水
	13	二氧化碳母管上的安全阀动作值和返回值已调整适当，动作可靠
	14	氢冷发电机在启动前，应备有足够的二氧化碳气瓶，以备气体介质的置换使用
	15	发电机在充送氢气之前，应备有足够的氢气瓶或氢罐内有足够的氢气，而且要保证质量

	序号	项 目 名 称
评 分 标 准	质量 要求	1. 操作票要用仿宋字填写 2. 操作任务要填写清楚 3. 重要设备要使用双重名称 4. 操作票不准合项、并项 5. 操作票不准涂抹、更改 6. 每项操作前要核对设备标志 7. 操作顺序不准随意改动或跳项操作 8. 每完成一项操作要做记号、重要操作要记录时间
	得分或 扣分	1. 字迹潦草辨认不清，扣 5 分 2. 每漏一项，扣 5 分，严重漏项全题不得分 3. 操作票合项、并项，每处扣 2 分 4. 操作任务填写不清，扣 2~5 分 5. 设备不写双重名称，每处扣 2 分 6. 操作术语使用不标准，每处扣 2 分 7. 操作票涂抹、更改，每处扣 2 分 8. 操作前不核对设备标志，每次扣 5 分 9. 操作顺序颠倒或跳项操作，每处扣 5 分 10. 重要设备颠倒操作，全题不得分 11. 每项操作后不记号、重要操作不记录时间，每处扣 2 分 12. 每项操作完成后不检查，扣 2 分 13. 发生误操作，全题不得分

行业：电力工程　　工种：电机氢冷值班员　　等级：高

编　　号	C03C048	行为领域	e	鉴定范围	1
考核时限	120 min	题　型	C	题　分	50
试题正文	发电机由空气冷却转换为氢气冷却的处理				

需要说明的问题和要求	1. 要求单独进行操作处理 2. 考核时，要先填写操作票，现场就地操作演示，不得触动运行设备 3. 万一遇到生产事故，立即停止考核，退出现场 4. 注意安全，文明操作演示
工具、材料、设备场地	1. 现场实际设备 2. 备好操作工具及绝缘用具

	序号	项　目　名　称
评分标准	1	收到班长令
	2	联系调度值班员
	3	用 CO_2 气体或 N_2 驱出氢冷系统中的空气
	4	用软胶管将 CO_2 瓶组与 CO_2 母管装接妥当
	5	首先打开发电机的排放阀，将发电机内空气排空
	6	再稍稍打开气瓶上通母管的阀门，阀门开度不应太大
	7	同时打开 CO_2 瓶上的喷水门，使整个 CO_2 瓶包括阀门都用水冲洗
	8	充 CO_2 时，开始可以缓慢些，以免对流太大，CO_2 随空气排出，使 CO_2 的消耗量增大
	9	在充 CO_2 的过程中，还必须同时对原供氢管和充气过程中不易流动的死区每小时取样一次
	10	测定其中的 CO_2 含量，在排出空气的排放管中取样测定的 CO_2 均大于85%
	11	再打开各死区的放气或放油门（如垂直冷却器的下部、套管箱、仪表管路的放油门等）吹扫死角 1～2 min
	12	在排放管上取样，测定 CO_2 含量大于90%时，则认为排空气结束
	13	充气工作结束后，应将通大气的排放门和 CO_2 瓶的喷水水源的总门关闭
	14	用 N_2 代替 CO_2 驱出氢气冷系统中的空气时，因为 N_2 比空气轻，所以必须从发电机的上部，即从原氢母管送入，空气从原 CO_2 母管排出
	15	在充 N_2 的过程中，也必须同时从 N_2 排出管和死区每小时取样分析一次

	序号	项目名称
评分标准	16	用 N_2 排空气时,当混合气体中的含氧量小于 2%,即可认为排气工作结束
	17	用 H_2 排除氢冷系统中的 CO_2 或者 N_2
	18	将 H_2 充入氢冷系统时,应直接从检验过的 H_2 瓶或电解装置的系统里经过手动供气阀门供氢
	19	向发电机内充氢时,打开氢母管上的排放门
	20	如果装有制氢站和储氢罐,置换前应保证氢母管的压力在 0.5 MPa 以上
	21	充氢时,打开氢母管上的阀门、入口阀门和手动供氢阀门向发电机内补氢,并从 CO_2 母管上的出口阀门排出 CO_2
	22	如果中间介质是 N_2,用 H_2 驱出 N_2 时,因为 H_2 比 N_2 轻,所以 H_2 仍然从原氢母管通入,N_2 从原 CO_2 母管的阀门排出
	23	在充氢过程中,维持机壳内压力为 0.003~0.005 MPa,不得大于 0.005 MPa
	24	同时,必须在排出 H_2 的气管和在充气过程中气体不易流动的死区每小时取样分析 H_2 含量一次
	25	如果其中 H_2 含量达到 96% 以上,含氧量小于 2%,即可认为充氢工作结束
	26	此后经过放氢阀门再吹洗气管和死角 1~2 min
	27	充氢工作结束后,应将通大气的放氢门关闭,并投入氢气分析器、差压表及其他被切断的仪表,检验是否有新的漏氢点,并设法消除,以保持 H_2 的纯度
质量要求		1. 操作票要用仿宋字填写 2. 操作任务要填写清楚 3. 重要设备要使用双重名称 4. 操作票不准漏项、并项 5. 操作票不准涂抹、更改 6. 每项操作前要核对设备标志 7. 操作顺序不准随意改动或跳项操作 8. 每完成一项操作要做记号、重要操作要记录时间

続表

	序号	项 目 名 称
评分标准	得分或扣分	1. 字迹潦草辨认不清，扣 5 分 2. 每漏一项扣 5 分，严重漏项全题不得分 3. 操作票合项、并项，每处扣 2 分 4. 操作任务填写不清，扣 2～5 分 5. 设备不写双重名称，每处扣 2 分 6. 操作术语使用不标准，每处扣 2 分 7. 操作票涂抹、更改，每处扣 2 分 8. 操作前不核对设备标志，每次扣 5 分 9. 操作顺序颠倒或跳项操作，每处扣 5 分 10. 重要设备颠倒操作，全题不得分 11. 每项操作后不记号，重要操作不记录时间，每处扣 2 分 12. 每项操作完成后不检查，扣 2 分 13. 发生误操作，全题不得分

编　　号	C03C049	行为领域	e	鉴定范围	1
考核时限	120 min	题　型	C	题　分	50
试题正文	氢冷发电机由氢气冷却转换为空气冷却的操作				
需要说明的问题和要求	1. 要求单独进行操作处理 2. 考核时，要先填写操作票，现场就地操作演示，不得触动运行设备 3. 万一遇到生产事故，立即停止考核，退出现场 4. 注意安全，文明操作演示				
工具、材料、设备场地	1. 现场实际设备 2. 备好操作工具及绝缘用具				

	序号	项　目　名　称
评分标准	1	收到班长令
	2	联系调度值班员
	3	氢冷发电机的正常运行方式是以 H_2 作为冷却介质运行，这时应将压缩空气的管路拆开，以防空气漏入机内
	4	对于氢冷发电机，只有当氢冷系统发生故障或在调试期间，才允许发电机以空冷方式做短时间运行
	5	而对于氢内冷发电机，为防止转子通风道出现堵塞、错位、变形和槽衬膨胀，绝缘过热等情况，禁止在空冷下运行
	6	但在调整和进行动平衡试验时，还是允许在空冷状态下作短时间运行的
	7	在大修时，也必须将发电机由充氢状态转换为空冷状态
	8	用 CO_2 气体或 N_2 驱出氢冷系统中的氢气
	9	充 CO_2 时，开始缓慢些，以免因为对流太大，随氢气排出，使 CO_2 的消耗量增大
	10	在充 CO_2 的过程中，还必须同时在原供氢管和充气过程中不易流动的死区中每小时取样分析一次
	11	如果其中 CO_2 的含量在排出的氢气出口中均大于 95%，排氢工作结束
	12	应将通大气的排氢阀和 CO_2 瓶的喷水水源的总门关闭
	13	用 N_2 排氢时，因为 N_2 比 H_2 重，所以仍从下部的原 CO_2 母管通入，H_2 从氢母管排出
	14	用 N_2 排氢时，当混合气体中的含氢量小于 3%时，即可认为排氢结束

	序号	项 目 名 称
	15	用空气排除氢冷系统中的 CO_2
	16	将补氢母管的供氢管路用死垫隔绝
	17	接上空气管路，用压缩空气机供给干燥的空气
	18	使空气从氢母管送入，以驱出机内的 CO_2
	19	当空气充满氢冷系统后，取气样分析，空气中 CO_2 含量应达到15%
	20	打开取样阀门、放油水门和仪表阀门等，吹洗死角 1～2 min
	21	当空气中的 CO_2 含量达5%时，发电机的充空气工作结束
	22	用空气排 N_2 时，因为空气比 N_2 重，所以，空气必须从原 CO_2 母管通入，N_2 从氢母管排出
	23	当机内空气含量达到90%时，即可认为充气结束
评分标准	质量要求	1. 操作票要用仿宋字填写 2. 操作任务要填写清楚 3. 重要设备要使用双重名称 4. 操作票不准合项、并项 5. 操作票不准涂抹、更改 6. 每项操作前要核对设备标志 7. 操作顺序不准随意改动或跳项操作 8. 每完成一项操作要做记号、重要操作要记录时间
	得分或扣分	1. 字迹潦草辨认不清，扣5分 2. 每漏一项扣5分，严重漏项全题不得分 3. 操作票合项、并项，每处扣2分 4. 操作任务填写不清，扣2～5分 5. 设备不写双重名称，每处扣2分 6. 操作术语使用不标准，每处扣2分 7. 操作票涂抹、更改，每处扣2分 8. 操作前不核对设备标志，每次扣5分 9. 操作顺序颠倒或跳项操作，每处扣5分 10. 重要设备颠倒操作，全题不得分 11. 每项操作后不记号、重要操作不记录时间，每处扣2分 12. 每项操作完成后不检查，扣2分 13. 发生误操作，全题不得分

编　　号	C03C050	行为领域	e	鉴定范围	1
考核时限	120 min	题　　型	C	题　　分	50
试题正文	氢冷发电机的启动				
需要说明的问题和要求	1. 要求单独进行操作处理 2. 考核时，要先填写操作票，现场就地操作演示，不得触动运行设备 3. 万一遇到生产事故，立即停止考核，退出现场 4. 注意安全，文明操作演示				
工具、材料、设备场地	1. 现场实际设备 2. 备好操作工具及绝缘用具				

	序号	项　目　名　称
评 分 标 准	1	收到班长令
	2	联系调度值班员
	3	氢、水、油系统正常投运
	4	确认轴承、密封油和定子绕组水系统运行正常，发电机机内氢压正常
	5	检查各处温度
	6	氢气冷却器的出口温度应均衡，并且温度不超过铬牌数值
	7	带负荷前，应监视定子绕组的温度
	8	定子绕组冷却水进水温度及水导电率和 pH 值不应超过规定的数值
	9	从冷却器出来的密封油温度应维持在 27～49 ℃之间。轴振不正常时，则宜维持在 43～49 ℃
	10	氢气冷却器
	10.1	打开排气管排除内部的空气
	10.2	应向氢气冷却器供给所需要的冷却水量，各冷却器调节到同样的水量，防止由于水速太大而损坏水管
	11	确认冷却器有足够的冷却水量，冷却水温度正常
	12	确认密封油冷却器的冷却水量足够，温度正常
	13	单层的轴承绝缘—火花检查法 检查双重轴承绝缘
	14	发电机与系统并网以前，应校核发电机的相序，确认与其连接的汇流排相同
	15	启动时对测温元件的监测
	16	在发电机安装后的第一次启动和以后的各次启动阶段，当定子绕组水冷系统已投入工作时
	17	层间温度与出水温度要相互对照
	18	用逐级增加负荷法来检查水路异常情况
	19	监测主出线的水路系统

	序号	项　目　名　称
评分标准	质量要求	1. 操作票要用仿宋字填写 2. 操作任务要填写清楚 3. 重要设备要使用双重名称 4. 操作票不准合项、并项 5. 操作票不准涂抹、更改 6. 每项操作前要核对设备标志 7. 操作顺序不准随意改动或跳项操作 8. 每完成一项操作要做记号，重要操作要记录时间
	得分或扣分	1. 字迹潦草辨认不清，扣5分 2. 每漏一项，扣5分，严重漏项全题不得分 3. 操作票合项、并项，每处扣2分 4. 操作任务填写不清，扣2～5分 5. 设备不写双重名称，每处扣2分 6. 操作术语使用不标准，每处扣2分 7. 操作票涂抹、更改，每处扣2分 8. 操作前不核对设备标志，每次扣5分 9. 操作顺序颠倒或跳项操作，每处扣5分 10. 重要设备颠倒操作，全题不得分 11. 每项操作后不记号，重要操作不记录时间，每处扣2分 12. 每项操作完成后不检查，扣2分 13. 发生误操作，全题不得分

287

行业：电力工程　　　工种：电机氢冷值班员　　　等级：高

编　号	C03C051	行为领域	e	鉴定范围	1
考核时限	120 min	题　型	C	题　分	30
试题正文	氢冷发电机漏氢、着火和氢爆炸的预防				
需要说明的问题和要求	1. 要求单独进行操作处理 2. 考核时，要先填写操作票，现场就地操作演示，不得触动运行设备 3. 万一遇到生产事故，立即停止考核，退出现场 4. 注意安全，文明操作演示				
工具、材料、设备场地	1. 现场实际设备 2. 备好操作工具及绝缘用具				

	序号	项　目　名　称
评分标准	1	收到班长令
	2	联系调度值班员
	3	坚持定期分析化验制度，防止循环干燥器失效，消除密封瓦漏油，并尽量减少氢侧回油量，坚持定期排污，保持氢气纯度
	4	保持氢压正常，不使外界空气进入机壳内
	5	采用 U 形管进行油封时，应严格监视氢气压力，以防氢压过高破坏油封，造成漏氢
	6	注意防漏。对于经常开关的阀门，如放油门、放水门，因为开关次数过多，很容易引起漏气，因此，再加装一个阀门和原来的阀门一起串联使用，能大大减少漏气的可能性
	7	加强巡视，注意有无局部过热以及金属摩擦或相碰等现象
	8	电机附近严禁明火和电焊作业
	9	大修前的热态试验必须在氢纯度合格时进行，以防电火花引进氢爆
	10	大修时必须清洁表、管中的油污，以保证表计的正确指示
	11	要防止表、管堵塞或误关表、管阀门而出现压力表计指针不动的假象，避免盲目补氢，以免造成压力升高的不良后果
	12	在排烟机的出气管上加装一根压缩空气管，当排烟机因故障停止工作时，可用压缩空气抽掉主油箱里的氢气
	13	氢管路上的滤过网和电磁阀门，必须定期检查，定期吹扫，保证滤过网不失效，电磁阀门不卡涩
	14	暂时使用没有防爆性能的电气接点压力表时，不要密封在管内，否则会因为表计泄漏而使箱内气体达到氢爆条件，所以，装在空气流通的地方反而有利

序号	项 目 名 称
15	漏氢严重时，此表应停止使用
16	大修期间，堵塞氢母管用的死垫不能用圆规划刀截取，以免中心穿孔，造成漏氢
17	另外，在死垫后再加一金属垫，加强强度
18	从取样管取分析用的气样时，应放气 1～2 min，然后取样，使所取的气样能真正代表壳内的气体
19	但在循环干燥器的管道上取样时，可不先放余气
20	介质更换时，必须严格按照规程进行充排，而且要在排出口所在的母管上取样，防止根据一两个数据作出错误判断
21	排氢化验合格后，还要再进行排死角一次
22	排污换气时，必须检查高层和周围地区有无焊接工作，以防焊渣落下，引起爆炸
23	冬季开启冻住的阀门时，必须用热水化冻，然后操作

评分标准

质量要求
1. 操作票要用仿宋字填写
2. 操作任务要填写清楚
3. 重要设备要使用双重名称
4. 操作票不准合项、并项
5. 操作票不准涂抹、更改
6. 每项操作前要核对设备标志
7. 操作顺序不准随意改动或跳项操作
8. 每完成一项操作要做记号，重要操作要记录时间

得分或扣分
1. 字迹潦草辨认不清，扣 5 分
2. 每漏一项扣 5 分，严重漏项全题不得分
3. 操作票合项、并项，每处扣 2 分
4. 操作任务填写不清，扣 2～5 分
5. 设备不写双重名称，每处扣 2 分
6. 操作术语使用不标准，每处扣 2 分
7. 操作票涂抹、更改，每处扣 2 分
8. 操作前不核对设备标志，每次扣 5 分
9. 操作顺序颠倒或跳项操作，每处扣 5 分
10. 重要设备颠倒操作，全题不得分
11. 每项操作后不记号、重要操作不记录时间，每处扣 2 分
12. 每项操作完成后不检查，扣 2 分
13. 发生误操作，全题不得分

行业：电力工程　　　工种：电机氢冷值班员　　　等级：高

编　号	C03C052	行为领域	e	鉴定范围	2
考核时限	120 min	题　型	C	题　分	50
试题正文	氢冷发电机漏氢和漏油的防范措施				
需要说明的问题和要求	1. 要求单独进行操作处理 2. 考核时，要先填写操作票，现场就地操作演示，不得触动运行设备 3. 万一遇到生产事故，立即停止考核，退出现场 4. 注意安全，文明操作演示				
工具、材料、设备场地	1. 现场实际设备 2. 备好操作工具及绝缘用具				

	序号	项 目 名 称
评分标准	1	收到班长令
	2	联系调度值班员
	3	为了保证机组正常运行，发电机应建立氢—油系统的定期检测和维护制度
	4	如正常运行中的抽查性检查、异常运行时的重点检查、检修前的摸底性检查
	5	并包括维修试验和化验周期，并定期进行机组漏氢量实测计算
	6	采用盘式密封瓦的机组，结合大修改为环式密封瓦
	7	做好查漏、堵漏工作，应重视大修后的气密封试验
	8	为了防止密封油漏入机内，要保证挡油盖，挡油板的间隙符合制造厂规定的要求
	9	氢侧回油应保持畅通，端盖外部油管应留有坡度
	10	端盖内部的回油腔、回油孔的尺寸可适当增大
	11	密封油箱回氢管接至机座的位置应尽可能提高，防止密封油进入机内
	12	定子出线罩与出线套管铝合金台板改为不锈钢板
	13	引出线套管瓷瓶与法兰之间的水泥或环氧树脂粘结改为浇装工艺
	14	将瓷套吊挂住，再用套管法兰螺钉固定，防止瓷套下落而漏氢

	序号	项 目 名 称
评分标准	质量要求	1. 操作票要用仿宋字填写 2. 操作任务要填写清楚 3. 重要设备要使用双重名称 4. 操作票不准合项、并项 5. 操作票不准涂抹、更改 6. 每项操作前要核对设备标志 7. 操作顺序不准随意改动或跳项操作 8. 每完成一项操作要做记号、重要操作要记录时间
	得分或扣分	1. 字迹潦草辨认不清，扣5分 2. 每漏一项扣5分，严重漏项全题不得分 3. 操作票合项、并项，每处扣2分 4. 操作任务填写不清，扣2~5分 5. 设备不写双重名称，每处扣2分 6. 操作术语使用不标准，每处扣2分 7. 操作票涂抹、更改，每处扣2分 8. 操作前不核对设备标志，每次扣5分 9. 操作顺序颠倒或跳项操作，每处扣5分 10. 重要设备颠倒操作，全题不得分 11. 每项操作后不记号、重要操作不记录时间，每处扣2分 12. 每项操作完成后不检查，扣2分 13. 发生误操作，全题不得分

行业：电力工程　　　　工种：电机氢冷值班员　　　　等级：高

编　号	C03C053	行为领域	e	鉴定范围	1
考核时限	120 min	题　型	C	题　分	30
试题正文	氢冷发电机气密性试验				
需要说明的问题和要求	1. 要求单独进行操作处理 2. 考核时，要先填写操作票，现场就地操作演示，不得触动运行设备 3. 万一遇到生产事故，立即停止考核，退出现场 4. 注意安全，文明操作演示				
工具、材料、设备场地	1. 现场实际设备 2. 备好操作工具及绝缘用具				

	序号	项　目　名　称
评分标准	1	收到班长令
	2	联系调度值班员
	3	关闭所有与外界相通的气体管路阀门，拆下管路上的可拆式连接管，并打开各内通阀门
	4	制氢站的供氢管路有明显的断开点
	5	在管路的合适处安装一套可充压缩空气和氟利昂的接口
	6	向机内充入经干燥过的压缩空气并升压到 0.1 MPa，然后停止进气
	7	充入氟利昂，充入量可用磅秤控制
	8	再充入干燥的压缩空气，将机内的压力升至额定的气密性试验值
	9	在该压力下保压 24 h，同时用卤素检漏仪检测重点检测部位
	10	重点检测发电机机座（含端盖）和出线盒
	11	转子引线发现泄漏，应进一步检查引线的导电螺钉
	12	阀门检漏，包括内漏和外漏
	13	重点检测发电机排气回路和排烟机的排气管
	14	氢冷发电机通过查漏试验修补后，充氢之前必须做好气密性试验
	15	通过干燥装置向发电机内泵入干净的压缩空气
	16	密封油系统必须投入运行
	17	将机内的压缩空气提高至 0.6 MPa（额定氢压为 0.3～0.4 MPa 机组）后，停止保压
	18	开始记录保压时间及间隔每小时的压力
	19	如每小时的压力下降小于 50 Pa，则发电机气密性试验为合格

评分标准	序号	项 目 名 称
	质量要求	1. 操作票要用仿宋字填写 2. 操作任务要填写清楚 3. 重要设备要使用双重名称 4. 操作票不准合项、并项 5. 操作票不准涂抹、更改 6. 每项操作前要核对设备标志 7. 操作顺序不准随意改动或跳项操作 8. 每完成一项操作要做记号，重要操作要记录时间
	得分或扣分	1. 字迹潦草辨认不清，扣5分 2. 每漏一项扣5分，严重漏项全题不得分 3. 操作票合项、并项，每处扣2分 4. 操作任务填写不清，扣2～5分 5. 设备不写双重名称，每处扣2分 6. 操作术语使用不标准，每处扣2分 7. 操作票涂抹、更改，每处扣2分 8. 操作前不核对设备标志，每次扣5分 9. 操作顺序颠倒或跳项操作，每处扣5分 10. 重要设备颠倒操作，全题不得分 11. 每项操作后不记号、重要操作不记录时间，每处扣2分 12. 每项操作完成后不检查，扣2分 13. 发生误操作，全题不得分

中级电机氢冷值班员知识要求试卷

一、选择题（每题 1.5 分，共 30 分）

下列每题都有 4 个答案，其中只有一个正确答案，将正确答案的代号填入括号内。

1. 1 mol 物质所包含的结构粒子数与 0.012 kgC-12 的（　　）相等。

（A）原子数目；（B）分子数目；（C）离子数目；（D）质子数目。

2. 水中碳酸化合物指的是（　　）的总和。

（A）CO_2、CO_3^{2-}；（B）HCO_3^-、CO_3^{2-}；（C）HCO_3^-、CO_2；（D）CO_2、HCO_3^-、CO_3^{2-}。

3. 某电气设备电压提高一倍，其功率是原来的（　　）。

（A）1 倍；（B）2 倍；（C）3 倍；（D）4 倍。

4. 可控硅整流电路直流输出电压的大小是通过控制可控硅的导通（　　）来调节的。

（A）电阻；（B）电压；（C）时间；（D）电流。

5. 任何物质的电解过程，在数量上的变化服从（　　）定律。

（A）牛顿；（B）亨利；（C）库仑；（D）法拉第。

6. 氢是所有元素中最轻的，它主要以（　　）存在。

（A）离子态；（B）分子态；（C）游离态；（D）化合态。

7. 在同一水溶液中，若同时存在 K^+ 与 H^+，则 K^+ 有极性方向的水分子迁向（　　）。

（A）阳极；（B）阴极；（C）中间极板；（D）两极。

8. 为提高水电解制氢的纯度，在电解液中应加入（　　）的五氧化二矾。

（A）2%；（B）2 g/L；（C）2 mg/L；（D）0.2%。

9. 氢气和氧气的混合气体是一种爆炸性气体，其爆炸下限为（　　）。

（A）3.65%的 H_2＋94.5%的 O_2；（B）4.65%的 H_2＋93.5%的 O_2；（C）5.65%的 H_2＋92.5%的 O_2；（D）6.65%的 H_2＋91.5%的 O_2。

10. 氢气干燥器再生顺序是（　　）。

（A）自冷、吹冷、加热；（B）吹冷、自冷、加热；（C）加热、自冷、吹冷；（D）加热、吹冷、自冷。

11. 氢气干燥装置在再生过程中用的再生气是（　　）。

（A）氮气；（B）氢气；（C）二氧化碳；（D）惰性气体。

12. 水电解过程中氢中氧与氧中氢表计指示应分别小于（　　）才为合格。

（A）0.2%与0.8%；（B）0.3%与0.7%；（C）0.4%与0.6%；（D）0.5%与0.5%。

13. 经氢气干燥装置后氢气中含水量小于（　　）才为合格。

（A）−20 ℃露点；（B）−30 ℃露点；（C）−40 ℃露点；（D）−50 ℃露点。

14. 水电解制氢装置的槽温、槽压、差压调节是通过（　　）来进行的。

（A）压力信号；（B）电流信号；（C）气动信号；（D）电压信号。

15. 不论发电机投运与否，只要发电机内部充有氢气就必须保持密封瓦油压比内部的氢压高（　　）。

（A）0.01～0.03 MPa；（B）0.02～0.04 MPa；（C）0.03～0.05 MPa；（D）0.04～0.06 MPa。

16. 氢冷发电机的轴封必须严密，当机内充满氢气时，

（　　）不准中断。

（A）冷却水；（B）密封水；（C）密封油；（D）轴封水。

17. 密封油压应（　　）氢压，以防空气进入发电机内或氢气充满汽轮机的油系统中，从而引起爆炸。

（A）接近；（B）大于；（C）小于；（D）等于。

18. 为防止可能有爆炸性气体，在制氢设备上敲打时，必须用（　　）工具。

（A）钢质；（B）铜质；（C）铁质；（D）铝质。

19. 氢冷发电机在任何工作压力和温度下，氢气的相对湿度不得大于（　　）。

（A）70%；（B）75%；（C）80%；（D）85%。

20. 焦性没食子酸可与氢氧化钾溶液混合，生成焦性没食子酸钾，用来分析气体中氧气的含量，主要因为其具有（　　）。

（A）强还原性；（B）强氧化性；（C）强吸附性；（D）强溶解性。

二、判断题（每题 1.5 分，共 30 分）

判断下列描述是否正确，对的在括号内打"√"，错的在括号内打"×"。

1. 氢气爆炸范围广，遇明火或高温烘烤极易爆炸。

（　　）

2. 发电机的补氢管道必须直接从储氢罐引出，不得与电解槽引出的管子连接。（　　）

3. 氢冷发电机一旦引起着火和爆炸，应迅速关闭来氢阀门，并用泡沫灭火剂和 1211 灭火剂灭火。（　　）

4. 电解时，电解池内的阴极发生还原反应，阳极发生氧化反应。（　　）

5. 交流电就是大小随时间作有规律的变化的电压或电流。

（　　）

6. 可控硅一旦导通，它的作用就和二极管一样。（　　）

7. 电压测量中不分交、直流。（　　）

8. 凡是能导电的碱性药品，都能作制氢电解质。（　　）

9. 电解液中加五氧化二矾的目的是加速电解，提高产氢量。（　　）

10. 当电流一定时，直流电压随电解液温度变化：温度高电压低，温度低电压高。（　　）

11. 为了防止电解槽极板腐蚀，极板两面均应镀镍。（　　）

12. 每个电解室的产氢量和电流密度与电极面积的大小有关。（　　）

13. 在标准状态下，水电解生成 $1\ m^3$ 氢气及 $0.5\ m^3$ 氧气，理论上需要 804 g 水。（　　）

14. 电解槽各级电压之和应等于电解槽总电压。（　　）

15. 电解槽的总电流等于各级电流之和。（　　）

16. 发电机内充有氢气，且发电机转子在静止状态时，可不供密封油。（　　）

17. 所谓电解液就是电解氢气和氧气的原料，其中水参与电解。（　　）

18. 氢站的水管冻结，应用蒸汽或热水解冻，禁止用火烤。（　　）

19. 发电机内充氢时，主油箱上的排油烟机应停止运行。（　　）

20. 在正常生产时，一般是在电解槽的温度稳定的情况下，调节直流电压，从而改变直流电流来控制氢气的产量。（　　）

三、问答题（每题 6 分，共 30 分）

1. 发电机为什么要采用氢冷？

2. 电解制氢的原理是什么（写出电解制氢的电化学反应式）？

3. 氢冷发电机在哪些情况下必须保证密封油的供给？

4. 为什么要控制电解液的质量标准在一定的范围内？

5. 对制氢站、氢罐及含有氢气的设备，在安全措施上有什么要求？

四、论述题（每题 10 分，共 10 分）

叙述 DQ-5/3.2 水电解制氢设备的系统（包括氢系统、氧系统、补给水、冷却水、碱液系统）结构。

中级电机氢冷值班员技能要求试卷

一、电解槽碱液的配制（20 分）

二、水电解制氢装置的启动（20 分）

三、水电解制氢装置非正常停运的处理（30 分）

四、氢冷发电机漏氢的故障处理（30 分）

中级电机氢冷值班员知识要求试卷答案

一、选择题

1.（A）；2.（D）；3.（D）；4.（C）；5.（D）；6.（D）；7.（B）；8.（D）；9.（B）；10.（D）；11.（B）；12.（A）；13.（C）；14.（D）；15.（B）；16.（C）；17.（B）；18.（B）；19.（D）；20.（A）

二、判断题

1.（√）；2.（√）；3.（×）；4.（√）；5.（×）；6.（√）；7.（×）；8.（×）；9.（×）；10.（√）；11.（×）；12.（√）；13.（√）；14.（√）；15.（×）；16.（×）；17.（×）；18.（√）；19.（×）；20.（√）

三、问答题

1. 答：在电力生产过程中，当发电机运转把机械能转变成电能时，不可避免地会发生能量损耗。这些损耗的能量最后都变成热能，使发电机的转子、定子等各部件温度升高。为了将这部分热量导出，往往对发电机进行强制冷却。常用的冷却方式有空气冷却、水冷却和氢气冷却。由于氢气热传导率是空气的七倍，氢气冷却效率较空冷和水冷都高。所以电厂发电机组采用了水氢氢冷却方式，即定子绕组水内冷、转子绕组氢内冷、铁芯及端部结构件氢外冷。

2. 答：制氢的方法很多，电厂氢站考虑到有纯水水源，又是发电厂，故采用了水电解制氢的方法。其基本原理：当直流电通过氢氧化钾的水溶液时，在阴、阳极上发生下列放电反应：

（1）阴极反应。电解液中的氢离子 H^+，受阴极的吸引而转向阴极，最后接受电子而析出氢气，其放电反应方程式为：

$$4H^+ + 4e = 2H_2\uparrow$$

（2）阳极反应。电解液中的氢氧根离子 OH^-，受阳极的吸引而移向阳极，最后放出电子而生成水和氧气，其放电反应方程式为：

$$4OH^- - 4e = 2H_2O + O_2\uparrow$$

总反应方程式为：

$$2H_2O = 2H_2\uparrow + O_2\uparrow$$

因此，在以氢氧化钾为电解质的电解过程中，实际上是电解水，氢氧化钾只起到运载电荷的作用。

3. 答：氢冷发电机在以下情况下，必须保证密封油的供给：

（1）发电机充有氢气时（不论运行状态还是静止状态）。

（2）发电机内充有二氧化碳和排氢时。

（3）发电机风压试验时。

（4）机组在盘车时。

4. 答：电解质氢氧化钾的纯度直接影响到电解后所产生气体的品质和对设备的腐蚀。当电解液中含有碳酸盐和氯化物时，会在阳极上发生下列反应：

$$2CO_3^{2-} - 4e = 2CO_2\uparrow + O_2\uparrow \quad （可逆）$$
$$2Cl^- - 2e = Cl_2\uparrow$$

这种反应不但消耗了电能，而且因氧气中混入氯气，而降低其纯度，同时生成的二氧化碳立即又被碱液吸收，生成碳酸钠，使 CO_3^{2-} 的放电反应反复进行下去，白白消耗大量电能。另外，反应生成的氯气也能被碱液变成次氯酸钠和氯化钠，又有阴极还原的可能，也要消耗吸收电能。所以必须保证电解液的质量符合标准。

5. 答：应采用防爆电气装置，并采用木制的门窗，门应向外开，室外还应装防雷装置。制氢站内和有氢气的设备附近，均必须设严禁烟火的标牌，氢罐周围 10 m 内应设有围栏，应备有必要的消防设备。

四、论述题

答：DQ–5/3.2 水电解制氢设备分以下几个系统：

（1）氢气系统。其流程为：电解槽→氢综合塔→气液分离器→蛇管冷却器→气水分离器→套管冷却器→干燥器→贮氢罐→减压罐→发电机。

（2）氧气系统。其流程为：电解槽→氧综合塔→调节阀→放空。

（3）补水系统。其流程为：补水箱→补水泵→氢综合塔。

（4）冷却水系统。其流程为：

主厂房冷却水
- 干燥器套管冷却器
- 整流柜液流指示器
- 氢氧综合塔蛇形管。

（5）碱液系统。其流程为：电解槽→氢氧综合塔底部连通管→碱液泵→碱液过滤器→电解槽。

中级电机氢冷值班员技能要求试卷答案

一、电解槽碱液的配制操作见下表

编　号	C05A004	行为领域	e	鉴定范围	4
考核时限	30 min	题　型	A	题　分	20
试题正文	电解槽碱液的配制				
需要说明的问题和要求	1. 要求单独进行操作处理 2. 现场就地操作演示，不得触动运行设备 3. 万一遇到生产事故，立即停止考核，退出现场 4. 注意安全，文明操作演示				

続表

工具、材料、设备场地		1. 备有一定量的化学纯固体氢氧化钾 2. 制氢站的蒸馏水进水水源已接通 3. 碱液循环泵电源已送上 4. 备有防护手套，防护面罩 5. 备有稀硼酸溶液

	序号	项 目 名 称
评分标准		配制操作
	1	冲洗碱液箱，待碱液箱排污阀出口出水清时，关闭排污阀
	2	将碱液箱的水位加至 1/2 处，关闭碱液箱的进水阀
	3	打开碱液箱的进、回碱阀，碱液过滤器的进、出口阀，其余的阀门在关闭状态
	4	启动碱液循环泵，缓慢倒入氢氧化钾，进行取样测定
	5	当碱液浓度达到 30%～35%，碱液温度冷却至常温，停碱液泵
	质量要求	1. 要求对碱液箱进行冲洗 2. 控制好碱液箱的水位 3. 按操作进程进行 4. 做好防护措施 5. 操作顺序正确
	得分或扣分	1. 碱液箱未进行冲洗，扣 4 分 2. 碱液液位未控制在规定范围内，扣 4 分 3. 未按操作规程进行，扣 4 分 4. 未做好防护措施，扣 4 分 5. 操作顺序不正确，扣 4 分 以上各项操作经提示完成的，扣本题总分的 50%

二、水电解制氢装置启动的操作如下表

编 号	C05A012	行为领域	e	鉴定范围	1
考核时限	30 min	题 型	A	题 分	20

试题正文	水电解制氢装置的启动
需要说明的问题和要求	1. 要求单独进行操作处理 2. 现场就地操作演示，不得触动运行设备 3. 万一遇到生产事故，立即停止考核，退出现场 4. 注意安全，文明操作演示
工具、材料、设备场地	1. 现场考核应在备用设备上进行 2. 无备用设备时，做好安全防范措施 3. 备好操作工具和灭火器材

评分标准	序号	项 目 名 称
	1 1.1 1.2 1.3 1.4	设备状况 氢冷发电机组正常运行 制氢站储氢罐的压力为 1.2 MPa 氢、氧综合塔液位在额定范围内 补水泵及碱液泵处于停止状态
	2 2.1 2.2 2.3 2.4	操作 检查氢、氧综合塔的液位 检查氢、氧综合塔的冷却水及控制气源的压力 将补水泵及碱液泵进行试转 将碱液控制在规定范围内
	质量要求	1. 检查控制室与现场的液位是否相符 2. 控制气源及冷却水压力是否在规定范围内 3. 按操作规程执行 4. 测定碱液浓度
	得分或扣分	1. 未进行检查，扣 5 分 2. 未及时调整，扣 5 分 3. 未按操作规程执行，扣 5 分 4. 碱液未控制在规定范围内，扣 5 分 以上各项操作经提示完成的，扣本题总分的 50%

三、水电解制氢装置非正常停车操作见下表

编　号	C04B029	行为领域	e	鉴定范围	3
考核时限	60 min	题　型	B	题　分	30
试题正文	水电解制氢装置非正常停运的处理				
需要说明的 问题和要求	1. 要求单独进行操作处理 2. 现场就地操作演示，不得触动运行设备 3. 万一遇到生产事故，立即停止考核，退出现场 4. 注意安全，文明操作演示				
工具、材料、 设备场地	1. 现场考核应在备用设备上进行 2. 无备用设备时，做好安全防范措施 3. 备好操作工具和灭火器材				

	序号	项　目　名　称
评 分 标 准	1 1.1 1.2 1.3	现象 制氢设备在带压力运行的任何部分发生严重泄漏 氢气和碱液外漏，有可能造成重大事故 制氢设备周围环境出现紧急事故，危及设备和人身安全时
	2 2.1 2.2 2.3 2.4 2.5 2.6 2.7	处理 迅速按下控制柜"紧急停止"按钮，立即切断整流柜主回路电源，迅速用手动方法使补水泵停止工作 打开氢、氧排空阀，使氢、氧综合塔中氢气和氧气放空 将槽压记录调节仪的给定值调至"0"，把槽压降为"0" 切断控制电源、气源、整流器同步电源 当系统压力降为"0"时，关闭所有阀门，停碱液循环泵 做完紧急停运记录后，撤离现场，听候有关部门处理 非正常停运后，装置如需重新开车，应对槽体、附属设备及各配套件、仪表进行必要的检查，确认设备良好后方能进行启动
	质量 要求	1. 按操作规程执行 2. 分析、判断正确 3. 按操作规程进行调整 4. 切断所有电源 5. 操作顺序正确 6. 做好记录，听候处理 7. 应对所有设备进行检查
	得分或 扣分	1. 未按操作规程执行，扣 4 分 2. 判断失误，延误时间，扣 5 分 3. 未按操作规程进行调整，扣 4 分 4. 电源未全部切断，扣 5 分 5. 操作顺序不正确，扣 3 分 6. 未做好记录，扣 4 分 7. 未进行所有设备检查，扣 5 分 以上各项操作经提示完成的，扣本题总分的 50%

四、氢冷发电机漏氢的故障处理的操作见下表

编　　号	C03B042	行为领域	e	鉴定范围	1
考核时限	60 min	题　　型	B	题　　分	30
试题正文	氢冷发电机漏氢的故障处理				
需要说明的问题和要求	1. 要求单独进行操作处理 2. 现场就地操作演示，不得触动运行设备 3. 万一遇到生产事故，立即停止考核，退出现场 4. 注意安全，文明操作演示				
工具、材料、设备场地	1. 现场考核应在备用设备上进行 2. 无备用设备时，做好安全防范措施 3. 备好操作工具和灭火器材				

评分标准		序号	项　目　名　称
评分标准		1	现象
评分标准		1.1	氢冷发电机内氢压下降，维持不住额定氢压
评分标准		1.2	自动补氢装置经常动作，不断补氢
评分标准		1.3	密封瓦油压过低或供油中断
评分标准		2	处理
评分标准		2.1	手动试合备用密封油泵，设法提高密封油压，同时不断补充氢气
评分标准		2.2	如果油压不能提高，则可降低氢压运行，当油压降低到不能维持最低运行油压时，应停机处理
评分标准		2.3	组织人力查漏氢，找到漏氢点后，立即消除。运行中不能消除的，可降氢压运行
评分标准		2.4	如果不能维持最低氢压运行，对于不允许空冷的发电机，则停机处理。对于允许空冷的发电机，可转换空气冷却运行
评分标准		2.5	对操作过的阀门进行复查，发现问题及时更正
评分标准		2.6	由于急剧漏氢或漏氢地点工作以及金属摩擦而发生火花
评分标准		2.7	引起氢气着火时，应迅速设法阻止漏氢并用二氧化碳进行灭火
评分标准	质量要求		1. 判断正确，操作及时 2. 按操作规程进行调整 3. 及时查找漏氢点 4. 进行冷却方式的切换 5. 及时检查更正 6. 设法阻止漏氢 7. 进行隔离和灭火
评分标准	得分或扣分		1. 判断不正确，扣4分 2. 未按操作规程进行调整，扣4分 3. 未及时进行查漏，扣4分 4. 冷却方式切换不正确，扣4分 5. 未及时检查、更正，扣4分 6. 未采取措施，扣5分 7. 未进行隔离和灭火操作，扣5分 以上各项操作经提示完成的，扣本题总分的50%

6 ▼ 组卷方案

6.1 理论知识考试组卷方案

技能鉴定理论知识试卷每卷不应少于五种题型，其题量为45~60题（试卷的题型与题量的分配，参照附表）。

试卷的题型与题量分配（组卷方案）表

题 型	鉴定工种等级		配 分	
	初级、中级	高级	初级、中级	高级
选 择	20题（1~2分/题）	20题（1~2分/题）	20~40	20~40
判 断	20题（1~2分/题）	20题（1~2分/题）	20~40	20~40
简答/计算	5题（6分/题）	5题（5分/题）	30	25
绘图/论述	1题（10分/题）	1题（5分/题）2题（10分/题）	10	15
总 计	45~55	47~60	100	100

6.2 技能操作考核方案

对于技能操作试卷，库内每一个工种的各技术等级下，应最少保证有5套试卷（考核方案），每套试卷应由2~3项典型操作或标准化作业组成，其选项内容互为补充，不得重复。

技能操作考核由实际操作和口试或技术答辩两项内容组成，初、中级工实际操作加口试进行，技术答辩一般只在高级工中进行，并根据实际情况确定其组织方式和答辩内容。